Günther Brückner
Logisches Denken durch Mathematik
unterhaltsam, verständlich

Alle Rechte liegen beim Autor oder seines Vertreters.
Nachdruck, Vervielfältigungen und Speicherungen
jeglicher Art sind nur mit Zustimmung des Verlags
und des Autors gestattet.

2002

Herstellung: Books on Demand GmbH, Norderstedt

ISBN 3 8311 4022 - 7

Ing. - oec Günther Brückner

Logisches Denken

durch

Mathematik

unterhaltsam, verständlich

Teil II

Inhaltsverzeichnis

Abschnitt	Inhalt	Seite
	Vorwort	7
I	Nur eine Erkältung Maßeinheiten	8
II	Die beste Lösung Wurzeln	10
III	Die Kontrolle Durchschnitt	12
IV	Der Kreis	17
V	Schwere Aufgaben und doch so leicht	26
VI	Plus oder Minus	33
VII	Der Schornstein Wie hoch?	36
VIII	Der Aufsatz Die Diagonale	41
IX	Der Vortrag Die Null	46
X	Der vergessene Koffer Das Hebelgesetz	53
XI	Nachbarn Masse-Kilo, Kraft-Pond	59
XII	Der Lottogewinn Brutto, Netto, Tara	62
XIII	Heini, der Tolpatsch Sinus, Kosinus, Tangens, Kotangens	65
XIV	Quadrate und ihre Zahlen Binomische Gleichungen	76

Abschnitt	Inhalt	Seite
XV	Die neue Schule Möglichkeiten der Sitzverteilung	82
XVI	Der alte Leuchtturm Wie hoch?	88
XVII	Apfelwein Kessel mit 3 Pumpen	94
XVIII	Purzel Geschwindigkeit	97
XIX	Kopfrechnen Eine wahre Begebenheit	101
XX	Prüfungen Nur eine Klassenarbeit	105
XXI	Der Ausflug Erlebnisse und Aufgaben	113
XXII	Die Verteidigung Wieder eine Prüfung	119
	Auch damit muss man rechnen Spruch	123
	Notizen	124

Vorwort

Wie oft sagt man, wenn etwas gut verstanden oder erklärt wurde: "Das leuchtet ein oder das ist logisch." Was ist aber logisches Denken? Bei den Griechen finden wir für das Wort Logik (Logos, Wort) die Denklehre. Wir verstehen darunter die Wissenschaft von den Gesetzen und Formen des richtigen Denkens. Ansätze für die Begründung der Logik als Wissenschaft finden wir bereits in der frühen Philosophie. Hier war es wohl **Aristoteles** (384 - 322 v.u.Z.), der diese Ansätze als einer der ersten begründete.

In der Mathematik wird logisches Denken ständig gefordert. Das Denken in Zusammenhängen ist die Voraussetzung, um Aufgaben zu lösen und zu begründen, aber auch um richtige Entscheidungen zu treffen und Probleme zu erkennen.

Wenn mein Banknachbar in der Schule eine Frage nicht beantworten konnte, dann sagte er selten: "Ich weiß es nicht." Seine Antwort war dann immer: "Ich werde darüber nachdenken." Und das tat er dann auch. Unser Lehrer wusste das und war bei ihm damit einverstanden. Für mich war er Vorbild und ich habe viel von ihm gelernt.
Die kleinen Geschichten in diesem Buch sind leicht verständlich und sollen ein Anreiz zum Lesen und Nachdenken sein. Die Aufgaben wurden so gewählt, dass man die meisten durch Kopfrechnen lösen kann. Das schult und fördert auch das Denken.

Unser Dozent für Mathematik war ein leidenschaftlicher Sammler von Rechenbüchern. Besonders Bücher und Aufzeichnungen aus dem Altertum haben es ihm angetan. Bei seinen Vorlesungen waren fast immer Beispiele, Begebenheiten und Aufgaben aus seiner Sammlung dabei. Für mich war das immer sehr interessant und ich schrieb alles auf. Das hatte nur den Nachteil, dass der Berg meiner Kolleghefte immer größer wurde. Vieles ging jedoch verloren. Erst später merkte ich den Verlust und konnte noch einiges retten. Diese Aufzeichnungen habe ich in diesem Buch mit verwendet.

Allen Lesern wünsche ich bei diesem Buch viel Unterhaltung, Spaß und Freude.

Der Verfasser

I Nur eine Erkältung
Umrechnung von Maßeinheiten

Der Vortrag über den Sport und die Abhärtung war zwar interessant, aber schlecht besucht. So war es immer bei uns, wenn Vorträge freiwillig waren. Die meisten spielten Ball und übten sich im Krafttraining. Für mich war der Vortrag bequem, denn ich konnte dabei meine Aufzeichnungen durcharbeiten. Es blieb aber nicht dabei. Einmal in der Woche hatten wir Sport bis zur Grenze des Leistungsvermögens.

Es war aber diesmal anders. Schwimmen und Übungen im Wasser waren angesagt. Eine feine Sache. Es war aber November und die Nächte waren schon empfindlich kalt. "Baden im kaltem Wasser härtet ab", sagte unser Sportlehrer. "Es darf aber nicht zu kalt sein", sagte ich leise zu meinem Freund Willi. Heut war es besonders kalt. Auf dem Wasser war eine hauchdünne Eisschicht und wir froren schon bei diesem Anblick. "Wer sich heut nicht ins Wasser traut, kann 10.000 Meter laufen. Der Lauf wird für das Sportabzeichen angerechnet. Die ersten "Sportler" machten schon einen Kopfsprung auf die dünne Eisfläche. Ich ging mit den anderen von uns langsam die Leiter herunter in das Badebecken und schwamm vorsichtig eine Runde. So kalt war das Wasser nicht. Als aber meine Haare nass wurden, fing ich an zu frieren und konnte mich nicht mehr erwärmen. Die 10.000 Meter-Läufer kamen zurück. Sie waren erschöpft und keiner fror wie ich.

Aufgabe 1):   Wieviel Kilometer sind 10.000 Meter?

Das Problem kam auch bei uns immer wieder hoch, dass leichte Multiplikationsaufgaben bei der Lösung Schwierigkeiten bereiten. Wir erinnern uns:

Aufgabe 2):   Wieviel ist $0{,}3 \cdot 0{,}3 =$ oder $90 \cdot 90 =$

Wegen meiner Erkältung musste ich zum Sanitäter. Er klebte mir ein quadratisches Erkältungspflaster auf die Brust. Es wurde gleich unangenehm warm und ich wollte es schnell los werden. Es war nicht so einfach, denn es klebte an allen Seiten auf meiner behaarten Brust. Meine Freunde halfen mir. Mit einem scharfen Ruck wurde es abgezogen.

Es tat nicht nur weh, sondern auch die Haare waren auf dem Pflaster. Die kahle Stelle auf meiner Brust sah aus wie ein quadratisches Fenster. Alle lachten und es kamen wieder die dollsten Vorschläge. Das Naturwunder "Kahle Stelle im Quadrat auf der Brust" sollte preisgünstig bei mir besichtigt werden. Ich war sauer und lenkte das Gespräch auf die 10.000 m Läufer. "Warum warst du heute so langsam", sagte ich zu Willi. "Ich war nicht langsam. Nur die anderen waren zu schnell", war seine Antwort. Ich konnte meine Freunde nur noch mit den Hausaufgaben ablenken. Wie war das wieder mit der Umrechnung von Maßeinheiten. Der Vorschlag, Berechnung der kahlen Fläche auf meiner Brust kam von allen Seiten. Sie fingen sofort an.

Wie groß ist die kahle Fläche (A) auf meiner Brust in Quadratmetern?

$A = a \cdot a = 0{,}15 \text{ m} \cdot 0{,}15 \text{ m}$ 1 Seite = 15 cm
$= \mathbf{0{,}0225 \text{ m}^2}$ = 0,15 m

Willi sagte: "Das wirkt zu klein. Wir brauchen große Zahlen. Wir nehmen Quadratzentimeter."

$15 \text{ cm} \cdot 15 \text{ cm} = \mathbf{225 \text{ cm}^2}$

Lösungsvorschläge von Seite 8.

Aufgabe 1): Wieviel Kilometer sind 10.000 Meter?

Bei der Umrechnung von Maßeinheiten durch Erweitern muss die Größe der zu erweiternden Zahl erhalten bleiben. Das erfolgt durch die Multiplikation mit 1.

$1 \cdot 1 = 1$ oder $10 : 10 = 1$ oder $5 \text{ km} : 5 \text{ km} = 1$

Die Länge von einem Kilometer bei einer Aufgabe muss immer ein Kilometer bleiben, auch wenn ich eine andere Maßeinheit verwende.

$1 \text{ km} = 1000 \text{ m} = 10^3 \text{ m}$

Die Aufgabe ist so zu erweitern, dass ich die Zielmaßeinheit km durch Erweitern und Kürzen erhalte.

$10.000 \text{ m} \cdot \dfrac{1 \text{ km}}{1000 \text{ m}}$ 10.000 m kann ich mit 1000 m kürzen.

Die Aufgabe lautet dann: $10 \cdot 1 \text{ km} = 10 \text{ Km}$.

$\mathbf{10.000 \text{ m} = 10 \text{ km}}$

Aufgabe 2): Bei Unsicherheit sollte man solche Aufgaben mit anderen Werten beginnen.

$3 \cdot 0{,}3 = 0{,}9$ und dann $0{,}3 \cdot 0{,}3 = 0{,}09$

oder $90 \cdot 90 = 9 \cdot 10 \cdot 9 \cdot 10 = 9 \cdot 9 \cdot 10^2 = 81 \cdot 10^2 = \mathbf{8100}$

II Die beste Lösung

Unseren neuen Mathematik-Lehrer haben wir unterschätzt. Wir beurteilten ihn nach seinem Aussehen. Er war klein, dick und nicht mehr der Jüngste. Sein Asthmaleiden kurierte er mehrmals während des Unterrichtes mit einem Atemgerät. Die ganze Klasse roch dann nach Eukalyptus. Er war aber ein schlauer Fuchs. An seinen Unterricht haben wir uns schnell gewöhnt und viel dabei gelernt. Wir nannten ihn den klugen Otto oder nur Otto.

Manchmal hatte ich den Eindruck, dass er Lösungswege bei den Aufgaben höher bewertete als die Ergebnisse. Ständig forderte er von uns, dass wir nicht einfach losrechnen, sondern immer erst den günstigsten Lösungsweg finden müssen. An Kurt stellte er die Frage: "Warum geht ihr den Weg zur Schule auf dem Trampelpfad?" "Er ist kürzer", antwortete Kurt. "Seht ihr, und so einen Trampelpfad müssen wir ständig auch in der Mathematik finden." So richtig klar wurde es mir erst bei den Hausaufgaben.

Hausaufgabe:
$$\text{Wieviel ist} \quad \sqrt{7} \cdot \sqrt{14} \cdot \sqrt{22} \cdot \sqrt{11} = x$$

Otto forderte uns auf, alles gut zu überlegen und keine Hilfsmittel zu verwenden.

Zu Hause überlegte ich und legte los.

Meine Lösung der Hausaufgabe:

$$\begin{aligned}\sqrt{7} \cdot \sqrt{14} \cdot \sqrt{22} \cdot \sqrt{11} &= \sqrt{7 \cdot 11 \cdot 14 \cdot 22} \\ &= \sqrt{77 \cdot 14 \cdot 22} \\ &= \sqrt{77 \cdot 308} \\ &= \sqrt{23716} \\ &= 154 \qquad \mathbf{x = 154}\end{aligned}$$

Das Ergebnis habe ich der Tabelle aus dem Rechenbuch entnommen und war stolz auf meinen Lösungsweg. Ich bekam aber dafür trotzdem eine schlechte Note. Warum? Gibt es einen besseren Weg? (Seite 11)

Otto wertete meine Hausaufgabe vor der ganzen Klasse aus. "Ich habe euch eine Aufgabe gestellt, die man leicht im Kopf lösen kann. Es ist erstaunlich, wie kompliziert man an die Lösung solch einer Aufgabe herangehen kann. Kein Wunder, dass einige vor der Mathematik Angst haben." Ich war enttäuscht. Solch eine schlechte Beurteilung habe ich nicht erwartet.

<u>Der einfache Weg.</u>

Aufgabe:

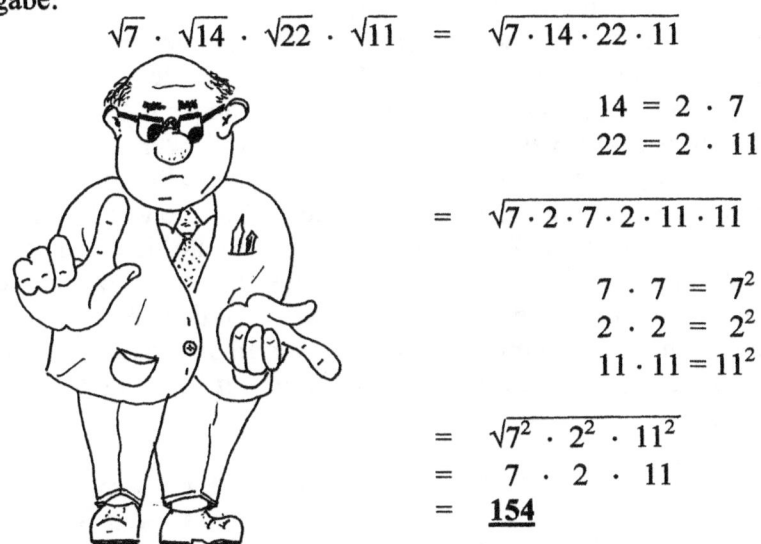

$$\sqrt{7} \cdot \sqrt{14} \cdot \sqrt{22} \cdot \sqrt{11} = \sqrt{7 \cdot 14 \cdot 22 \cdot 11}$$

$$14 = 2 \cdot 7$$
$$22 = 2 \cdot 11$$

$$= \sqrt{7 \cdot 2 \cdot 7 \cdot 2 \cdot 11 \cdot 11}$$

$$7 \cdot 7 = 7^2$$
$$2 \cdot 2 = 2^2$$
$$11 \cdot 11 = 11^2$$

$$= \sqrt{7^2 \cdot 2^2 \cdot 11^2}$$
$$= 7 \cdot 2 \cdot 11$$
$$= \underline{\mathbf{154}}$$

Noch einfacher ist: $7 \cdot 11 = 77$
und $77 \cdot 2 = \underline{154}$

Die Aufgabe war tatsächlich einfach zu lösen.

Wichtig ist immer:

"gewusst wie"

III. Die Kontrolle

Wenn wir aus der Sicht von heute die Zeit zurückdrehen, dann werden Erinnerungen wach. An schöne Erlebnisse denkt man gern zurück und aus der Erhabenheit von heute lächelt man über Dinge und Ereignisse, die einem damals großen Kummer und Ärger bereiteten.

Es gab mal eine Zeit, da durfte man bei der Bahn den Bahnsteig nur mit einer Fahrkarte oder Bahnsteigkarte betreten. Die Bahnsteigkarte war für Personen gedacht, die Reisende zum Zug begleiteten oder vom Zug abholen wollten. Solch eine Bahnsteigkarte kostete bei uns 15 Pfennig und die sogenannten Schwarzfahrer konnten damit leicht in den Zug einsteigen und billig mitfahren. Das war der Bahn ein Dorn im Auge und es wurde deshalb überall streng kontrolliert. Wer den Bahnsteig betreten wollte, der musste an einer Bahnsteigkontrolle vorbei und ein Eisenbahner machte auf der Fahrkarte oder Bahnsteigkarte mit einer Lochzange sein Zeichen. Diese Kontrolle wiederholte sich auch im Zug. Beim Verlassen des Bahnsteiges musste man wieder an einer Bahnsteigkontrolle vorbei. Bahnsteigkarten wurden nach Kontrolle abgegeben und Fahrkarten entwertet. Schwarzfahrer hatten es schwer und es gab gepfefferte Strafen. Eine Fahrkarte war für uns fast kostbarer als Bargeld.

So ein Urlaub im Sommer ist doch was herrliches. Wir waren fünf Personen und fuhren mit der Bahn von Wehlen, einem kleinen Städtchen in der sächsischen-Schweiz, nach Bad-Schandau. Wo mehrere junge Leute zusammen sind, geht es meistens sehr laut zu. Ein älterer Herr ermahnte uns und sagte: "Das Leben soll man täglich erleben, aber doch nicht so laut."

Er war der einzige im Abteil, der kein freundliches Gesicht machte. Es gab für uns immer etwas Neues zu sehen und unsere Freude übertrug sich auch auf die anderen Fahrgäste. Wir haben garnicht bemerkt, dass wir laut waren.

Eine Frau zeigte mit dem Finger auf den Boden und fragte mich: "Ist das ihre Fahrkarte?" Ich bekam einen Schreck und durchsuchte meine Taschen. Mein Freund Werner meinte: "Du mußt eben mehr aufpassen." Meine Fahrkarte war es aber nicht. Der Schaffner kam und rief: "Fahrkartenkontrolle." Alle hatten ihre Fahrkarte, nur Werner nicht. Ich hatte jetzt zwei und gab ihm eine. Dem Schaffner kamen wir verdächtig vor, denn er kontrollierte uns lange und umständlich.Endlich machte er mit seiner Lochzange den zweiten Kontrollvermerk. Wir waren froh.

Helmut war Maler und der älteste von uns. Er machte den Vorschlag: "Das Sicherste ist, wir geben alle unsere Fahrkarten Traudel. Sie hat eine kleine Handtasche und bei ihr ist alles gut aufbewahrt." Traudel war bildschön, Buchhalterin und meine Freundin. Wir waren alle einverstanden und ärgerten uns, **dass** wir die schöne Aussicht auf die Basteibrücke **verpasst haben**.Wir haben aber die sichere Aufbewahrung unserer Fahrkarten geklärt.
Traudel war zuverlässig und **hasste** es, wenn jemand daran zweifelte. Meine ständigen Ermahnungen, auf die Tasche mit den Fahrkarten gut aufzupassen, viel nicht nur Traudel, sondern auch meinen Freunden auf den Wecker. Für mich hatte das Folgen.

Es wurde ruhiger. Ich schaute auf den Lilienstein und musste daran denken, wie ich Werner kennenlernte. Der Krieg war zu Ende und es fehlte an allem. Mit meiner zerschlissenen Uniform ging ich zur Arbeit und zum Maskenball. Im Betrieb mussten wir Kisten tragen und Schutt beseitigen. In der Mittagspause konnten wir uns ausruhen. Mir knurrte der Magen. Neben mir saß Werner mit einer trockenen Scheibe Brot in der rechten Hand und einer Möhre in der Linken.  Als er mit dem Essen fertig war, drehte er sich zu mir um und fragte: "Bin ich noch fettig im Gesicht?" Alle lachten. Wir wurden Freunde. "Meinst du, ob ich zur Arbeit auch einen Frack anziehen kann? Ich habe sonst nichts anderes", fragte er mich. "Schau dir die Leute an. Decken, Mäntel, Schürzen, Jacken, Westen und alles was man anziehen kann, in allen Größen und Farben wird heut getragen. Da fällt ein Frack auch nicht auf", ermunterte ich ihn. Eine Vorstellung, wie so ein Frack aussieht, hatte ich jedoch nicht. Am nächsten Tag kam Werner mit dem Frack unter dem Arm zur Arbeit. Als er aus dem Umkleideraum kam, konnten wir vor lachen nicht mehr arbeiten. Selma aus der Verpackung kam gerade in den Lagerraum und schaute wie gebannt auf Werner. Plötzlich bekam sie einen Lachkrampf und rannte wie sie konnte, zur Toilette. Einer von uns rief: "Ich glaube, sie hat sich eingelacht." Im Betrieb hat sich das schnell herumgesprochen. Jeder wollte den Werner im Frack sehen und mitlachen. Der Frack war etwas zu groß und Werner sah aus wie ein Rosenkavalier, den man frisch vom Ball geholt hat. Die Hose war gestreift und die Schwalbenschwänze reichten bis auf den Boden. Die Arbeit musste aber weitergehen. Wir trugen eine schwere Kiste über den Hof und die zu langen Schwalbenschwänze schleiften auf der Erde. Alle Fenster waren besetzt und alle lachten. Auf dem Rückweg kamen uns drei Mädels aus der Verpackung entgegen und hefteten Werner eine große, weiße und selbstgebastelte Papierblume an den Frack. "Man kann dich doch nicht so nackt herumlaufen lassen", sagte die eine. Die Zeit war so schwer und alle lachten, nur Werner nicht. Über seine Späße sollten wir lachen, aber nicht über ihn. Er wollte nicht ausgelacht werden. Der Frack war doch nicht für die Arbeit geeignet. Er zog ihn aus und arbeitete in der gestreiften Hose weiter.

Es wurde aber noch lange darüber gelacht. Für uns war es in dieser schweren Zeit eine wohltuende Ablenkung. Nur gut, dass die Menschen das Lachen nicht verlernt haben. Das gibt Hoffnung.

Ich musste lächeln und daran denken, wie damals unsere Leistungen beim Kistentransport berechnet wurden. Es war für uns schon aufregend, denn es ging ja um Geld. Einer machte den Vorschlag: "Wir müssen jede Kiste nach dem Gewicht einzeln berechnen, denn die Kisten sind doch im Gewicht unterschiedlich." Es kam aber anders. Werner erklärte uns, dass wir das Mittelgewicht der Kisten herausfinden müssen. "Wir haben das in der Schule bei der Berechnung der Durchschnittsnoten auch so gemacht. Es geht um das sogenannte arithmetische Mittel", erklärte er uns.

Z.B. Du hast in Mathematik 6 Noten bekommen.
Eine 4, 4, 5, 2, 2 und eine 1.
Welche Durchschnittsnote ist das?

Die Lösung ist ganz einfach. Die Noten werden addiert und durch die Anzahl der Noten geteilt. (4+4+5+2+2+1) = 18 und 18 : 6 = 3

Über die 3 als Durchschnittsnote haben wir uns gestritten. Ich war der Meinung, dass ein Durchschnittswert für die Kisten wohl ausreicht, nicht aber für die Bewertung der Leistung eines Schülers. Hier muss unbedingt die Entwicklung des Schülers mit beachtet werden. Ein Schüler, der zu Beginn der Benotung mit schlechten Zensuren anfängt und sich im Laufe des Schuljahres ständig verbessert, hat eine bessere Note als die Durchschnittsnote verdient. In unserem Beispiel würde ich ihm eine 2 geben.

Unser Vorarbeiter schimpfte: "Mich interessieren nicht eure Noten, sondern die Kisten." Unter uns bezeichneten wir ihn als "Aufpasser". Er war aber fleißig und uns als Transportarbeiter ein Vorbild. Die Berechnung der Transportlöhne hatte er schon längst in seiner Tasche. Er wollte die Ergebnisse nur kontrollieren.

Aufgabe: Werner und ich mussten folgende Kisten tragen.
Anzahl der Kisten: 19 Stück
Gewicht der Kisten in Kilogramm:
52, 59, 37, 71, 74, 59, 63, 63, 29, 64,
49, 59, 57, 28, 63, 80, 69, 65, und 80.
Wieviel Kilogramm wiegt eine Kiste im Durchschnitt?
(Zum Vergleich, Lösung Seite 16)

Ich hatte die Augen geschlossen und hörte Stimmen: "Wir müssen ihn jetzt wecken." Traudel rief: " Er schläft nicht, er tut nur so. Ich kenne ihn." Wir waren in Bad-Schandau. Mit dem Strom der Urlauber gingen wir zum Ausgang. Dort war wieder eine Kontrolle der Fahrkarten. Ich konnte es nicht lassen und rief zur Traudel: " Hast du die Fahrkarten?" Meine Freunde schauten böse auf mich: "Du fällst uns langsam auf den Wecker." Traudel ging mit den Fahrkarten als erste durch die Kontrolle und wir im Gänsemarsch hinterher. Ich war wie immer der letzte. Werner ging vor mir und erklärte dem Kontrolleur, dass ich die Fahrkarten hätte. Ich hatte aber keine, die hatte doch Traudel. Eine laute Stimme rief: "Halt, erst die Fahrkarten von 5 Personen." Die Sperre wurde geschlossen und meine Freunde waren nicht zu sehen. Der Eisenbahner war ein gewissenhafter Mensch. Er war aber unhöflich und hatte kein Verständnis für meine Lage. "Hab ich endlich einen von euch erwischt. Die Masche kennen wir", beschuldigte er mich. "Meine Freundin hat doch die Fahrkarten. Sie wartet sicherlich vor dem Bahnhof", verteidigte ich mich. Die Menge der Zuschauer wurde immer größer, nur Traudel war nicht zu sehen. Erst als wir anfingen, uns zu beschimpfen und gegenseitig Ehrenbeleidigungen austauschten, kam Traudel mit den 5 Fahrkarten in der Hand. Ich wurde wieder freigelassen und war erlöst. Erst später habe ich mitbekommen, dass alles eine abgekartete Sache war und meine Freunde ihren Spaß daran hatten. Der Tag wurde für mich doch noch ein schönes Erlebnis.

Lösung von Seite 15

Aufgabe: Wieviel Kilogramm wiegt eine Kiste im Durchschnitt?

Anzahl der Kisten: 19
Gewicht der Kisten in Kilogramm:
52+59+37+71+74+59+63+63+29+64 = 571
571+49+59+57+28+63+80+69+65+80 = 1121

Lösung: 1121 kg : 19 = 59 kg

Im Durchschnitt wiegt jede Kiste
<u>59 kg</u>

IV. Der Kreis

Als wir in der Schule den Kreis behandelten, ahnte ich noch nicht, was auf mich zukommt. Die Aufgaben wurden komplizierter, vielseitiger und umfangreicher. Sie wurden auch interessanter und begleiteten mich bis in die höhere Mathematik.
Schritt für Schritt drangen wir in die Geheimnisse des Kreises ein und stellten fest, dass es garnicht so kompliziert war. Aufpassen und lernen war gefragt. Das kann jeder, wenn er will.

Es begann eigentlich damit, dass wir uns merken sollten:

$$\pi = 3{,}14$$

Gegenüber den Schülern der unteren Klassen benutzten wir den griechischen Buchstaben π wie ein Geheimnis und fühlten uns ihnen gegenüber haushoch überlegen. Wir waren doch jetzt in der Lage, den Umfang und die Fläche eines Kreises zu berechnen. Welch ein Fortschritt.

Umfang = Durchmesser mal π

Fläche = (Durchmesser mal Durchmesser mal π) : 4

oder auch

Umfang = $2\,r \cdot \pi$ r = Radius
Fläche = $r^2 \cdot \pi$

Der Mensch hat gelernt, die Gesetze der Natur zu erkennen, zu beachten und zu nutzen. Die Wissenschaft und Technik, die Wirtschaft, das Leben auf der Erde und der Mensch selbst, alles hat was mit Kreisen zu tun.

Es gab keinen von uns, der hier leichtfertig die Frage stellte: "Wozu brauchen wir denn das?"

Ausgestattet mit dem Wissen über den griechischen Buchstaben π gingen wir, wie immer, über die Wiese vom Ziegengustav zu unserer Badestelle an der Oder. Ziegengustav hieß eigentlich Gustav Malek. Er hatte die Wiese gepachtet und besaß acht Ziegen, vier kleine Zickchen und einen Ziegenbock. In seiner Nähe konnten wir uns nicht aufhalten,

denn er roch wie sein Ziegenbock. Wir hatten trotzdem zu ihm ein gutes Verhältnis. Ärger gab es nur, wenn wir über seine Wiese liefen oder für unsere Kaninchen Futter holten. Heut erwischte er uns wieder. Wir konnten ihn nicht rechtzeitig sehen, denn er stand plötzlich auf dem Oderdamm und konnte alles gut übersehen. "Ihr Lumpen, ihr Verbrecher, ich schlag euch die Schädel ein", wetterte er los und rannte auf uns zu. Wir blieben stehen und Hans rief ihm entgegen: "Entschuldige Gustav, wir wissen

doch nicht, dass wir hier nicht gehen dürfen. Du hast doch mit deinem Gerenne über die Wiese mehr Schaden gemacht als wir." "Seit blos still. Ich sag es ja euch auch im guten." Sein Blick ging zur zerbeulten Fanfare von Hans. Wir alle hatten damit schon geblasen. Hans wollte an der Oder weiter üben. Gustav nahm ihm die Fanfare aus der Hand: "Mit so einer Trompete habe ich als junger Kerl auch geblasen." Er spuckte und blies mit vollen Backen, aber es kam kein Ton heraus. Verlegen gab er Hans die Fanfare zurück. "Meine Trompete war anders." Damit verabschiedete er sich von uns. Mit der Fanfare wollte keiner mehr blasen. Sie roch nach Ziegen und der Geschmack von Kautabak war für uns unerträglich.

Alfons ging als einziger weiter, denn er hatte in einer Tasche sein kleines Kaninchen "Mucki" und in der Decke eine Rolle Maschendraht. Wir schlugen vor, auf der Wiese von Gustav, dort wo der rote Klee wächst,

ein kleines Gehege für Mucki aufzustellen. "Gustav kann das bestimmt nicht sehen, denn das Gras ringsum ist höher als der kleine Maschendrahtzaun. Mucki soll doch einen schönen Tag haben und Klee fressen können." Dieser Vorschlag von Hans fand bei uns begeisternde Zustimmung. Nur Alfons hatte Angst. Wir konnten ihn aber überreden und versprachen Beistand bei Gefahr. Jetzt waren die Mathematiker gefragt. Wie soll das Gehege aussehen? Mit vier Meter Maschendraht wollten wir die größte Fläche umzäunen. Es gab drei Vorschläge:

      ein Rechteck,   ein Quadrat,   oder ein Kreis.

(Aufgabe: Welche Form soll das Gehege haben, damit ich mit vier Meter Maschendrahtzaun die größte eingezäumte Fläche erhalte?　　Lösung zum Vergleich Seite 21)

Gemeinsam haben wir die Aufgabe gelöst. Mucki genoss den frischen Klee, Alfons war glücklich und wir erlebten einen schönen Tag.

Am nächsten Tag hatte Hans Tafeldienst. Er musste in der Schule die Tafel für den Unterricht ständig sauber halten. Die Tafel war wie immer von den Vorgängern und auch von uns vollgeschmiert. Ständig wurden wir ermahnt, sehr sparsam mit allem umzugehen, auch mit der Kreide. Bei der Kreide nahmen wir das allerdings nicht sehr ernst. Hans wischte die Tafel sehr sorgfältig ab und malte sie auch gleich wieder voll. Es gab Spaß und viel Gelächter. Er malte einen senkrechten Strich. Keiner konnte beantworten, was das ist. Hans half: "Das ist die Seitenansicht der schrägen Krawatte von Otto." Er merkte nicht, das Otto schon hinter ihm stand. Nun malte er einen Kreis und erklärte: "Das hier ist ein Gebilde, an dem an allen Ecken und Enden gespart wurde. Ich habe dieses Gebilde etwas kleiner gemalt, damit es für euch nicht so schwer ist." Erst jetzt bemerkte Hans den Lehrer. Wir waren nicht mehr zu halten, denn Otto machte den Spaß mit.

Die Tür ging auf und Frau Stolka aus der Nachbarklasse wollte wissen, warum bei uns so ein Krach ist. Als sie unseren Mathelehrer Otto sah, verzog sie sich schnell wieder.

Hans wischte die Tafel ab und der Unterricht begann. Wir behandelten wieder den Kreis. Die Formulierung aus dem Rechenbuch sollte erläutert werden.

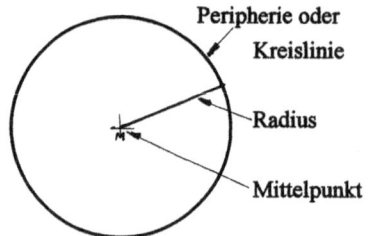

"Der Kreis, oder die **Kreislinie**, auch **Kreisperipherie** genannt, ist der geometrische Ort für alle Punkte einer Ebene, die von einem festen Punkt, dem **Mittelpunkt M**, den gleichen Abstand haben. Dieser Abstand ist der **Radius** oder der Halbmesser des Kreises."

Von hinten kam eine Stimme: "Ist diese Formulierung nicht sehr umständlich. Kann man das nicht einfacher sagen." Es war eine Taktik von Otto, sich mit unserer Meinung zu verbinden, auch wenn sie falsch war und sie dann zu korrigieren. Damit kam er bei uns meistens gut an. Das war auch hier so. "Ich sehe schon, dass einigen diese Formulierung nicht besonders gefällt. Ich mag diese Formulierung aus den Lehrbüchern auch nicht besonders. Aber logisch betrachtet, ist sie verständlich und einleuchtend. Wir müssen doch wissen und erklären können, was ein Kreis ist. Alles was wir hier behandeln, sollten wir uns gut merken, denn es sind Voraussetzungen für den Schritt in die höhere Mathematik." Es wurde still in der Klasse. Wir schrieben und zeichneten aufmerksam mit.

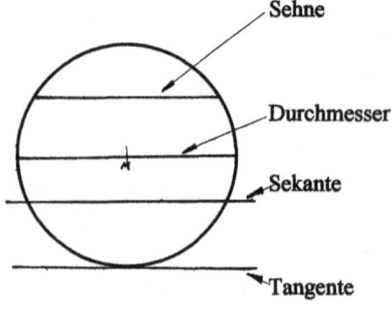

Die Strecke, die zwei beliebige Peripheriepunkte miteinander verbindet heißt **Sehne**.
Geht eine Sehne durch den Mittelpunkt, dann wird sie **Durchmesser** genannt.
Sekante heißt eine Gerade, die durch den Kreis geht und ihn in 2 Punkten schneidet.
Berührt eine Gerade den Kreis in der Grenzlage, dann heißt sie **Tangente**.

Auf dem Heimweg ordneten wir Mucki in die höhere Mathematik ein und fühlten uns schlauer als wir in Wirklichkeit waren. Das haben wir aber erst später erfahren.

Lösungsbeispiel von Seite 19

Aufgabe: Welche Form soll das Gehege haben, damit ich mit vier Meter Maschendraht die größte eingezäumte Fläche erhalte?

Lösung: 1. Berechnung der Fläche beim Rechteck.

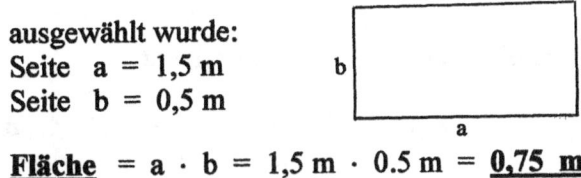

ausgewählt wurde:
Seite a = 1,5 m
Seite b = 0,5 m

Fläche = a · b = 1,5 m · 0.5 m = **0,75 m²**

2. Berechnung der Fläche beim Quadrat:

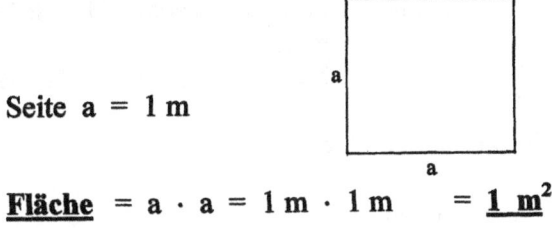

Seite a = 1 m

Fläche = a · a = 1 m · 1 m = **1 m²**

3. Berechnung der Fläche eines Kreises:

Umfang des Kreises = **4 m** U = D · π
Durchmesser = U : π = 4 m : 3,14 = **1.27 m**
Radius = D : 2   1,27 m : 2   = **0.635 m**
r² = 0.635 m · 0.635 m = **0,403 m²**

Kreisfläche = r² · π = 0,403 m² · 3,14 = **1.265 m²**

Damit wurde beim Kreis mit 4m Maschendrahtzaun die größte eingezäumte Fläche erreicht.

Es geht weiter mit dem Kreis

1. Wie finde ich bei einem Kreis das Zentrum?

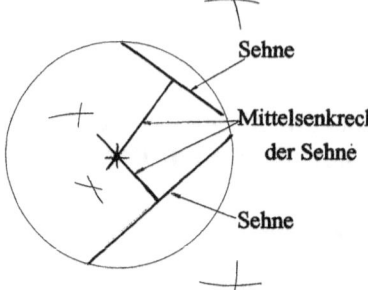

Die Mittelsenkrechte einer Kreissehne geht durch den Mittelpunkt des Kreises.

Die Mittelsenkrechten von mehreren Kreissehnen schneiden sich im Mittelpunkt des Kreises.

2. Kreisbogen, Kreisabschnitt oder Kreissegment

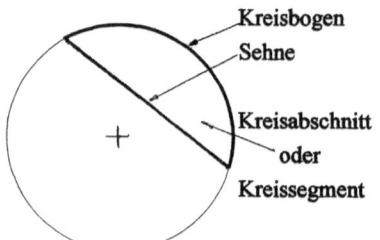

Ein Stück der Peripherie, das von einer Sehne abgetrennt wurde, heißt **Kreisbogen**.

Das von einer Sehne und einem über ihr liegenden Kreisbogen eingeschlossene Flächenstück nennt man **Kreisabschnitt** oder **Kreissegment**.

3. Kreisausschnitt oder Kreissektor

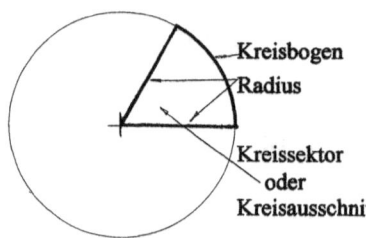

Das von zwei Radien und dem zwischen ihnen liegenden Kreisbogen begrenzte Stück der Kreisfläche heißt **Kreisausschnitt** oder **Kreissektor**.

4. Zentriwinkel

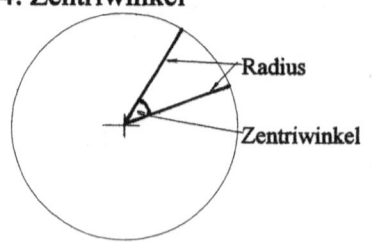

Ein Winkel, dessen Scheitel im Mittelpunkt liegt und dessen Schenkel Radien sind, heißt **Zentri-** oder **Mittelpunktwinkel**.

Das waren nur einige von den vielen Bezeichnungen, Abschnitten, Möglichkeiten und Hilfskonstruktionen, wo Kreise eine Rolle spielen. (Siehe auch den Satz des Thales im Buch I) Wichtig ist, dass wir uns bestimmte Grundkenntnisse, die auch im Alltag eine Rolle spielen, aneignen und besonders merken. Dazu gehört auch die Berechnung des Umfanges eines Kreises. Beim Studium der Mathematik muss man sich natürlich noch umfangreicher und tiefgründiger damit beschäftigen.

Ich war Lehrling und musste täglich spüren, dass Lehrjahre keine Herrenjahre sind. Lernen war immer gefragt, auch das gute Benehmen gegenüber meinem Chef. "Wenn der Chef in die Werkstatt kommt, dann habt ihr zuerst zu grüßen und ihm die Tür zu öffnen und hinter ihm zu schließen. Verstanden?" Klärte uns der Meister auf. Wir nickten und mussten laut "ja" sagen. Der Chef hieß Fritz Heber und war bei der Begrüßung sehr freundlich. Ich kannte ihn auch anders.

Die Tür zu unserer Werkstatt war an einer kleinen Treppe. Beim Verlassen der Werkstatt machten wir am Anfang oft die Bekanntschaft mit einem Sturz nach unten. Drei Stufen. Später haben wir uns daran gewöhnt und mit einem Sprung die Stufen überwunden. Es war für mich wie ein schwarzer Freitag. Ich war allein und der Chef ging eilig durch die Werkstatt. Wie gelernt, grüßen, Tür aufhalten und hinter dem Chef wieder schließen. Ich war zu schnell und habe den Absatz vom Chef mit der Tür eingeklemmt. Pech für uns beide. Er flog die drei Stufen runter und sein Schimpfen war durch die geschlossene Tür deutlich zu hören. "Welcher Idiot hat mir meinen Schuh **eingeklemmt?**" Wetterte er los. Hinter mir stand plötzlich mein Lehrmeister: "Hau sofort ab. Geh ins Lager und melde dich bei Julek."
Erst nach der Gesellenprüfung hat der Chef erfahren, wer ihm damals den Schuh eingeklemmt hat. Er hat mir verziehen. Ich hatte aber lange Zeit ein schlechtes Gewissen.

Julek hieß eigentlich Julius. Mit ihm arbeitete niemand gern.

Er war aber gutmütig und hilfsbereit. "Endlich kommt jemand, der mir hilft", waren seine Begrüßungsworte. In der Ecke war ein Haufen mit Kabel- und Drahtresten. Sie kamen übersichtlich und ordentlich zusammengerollt von den Baustellen. Im Lager wurden sie aufgerollt, gemessen und wieder zusammengerollt. Das war Aufgabe von Julek. Er entwickelte dazu eine eigene Technologie. Erst wurden alle Drähte von den Rollen abgespult und dann gemessen. Julek hatte am großen Regal Maße von 0,5 m, 1 m, 2 m und 4 m eingezeichnet. Auf diese Erfindung war er sehr stolz. "Jetzt brauchten wir die Drähte nur an das Regal anhalten und die Anzahl der Meter addieren", klärte er mich auf. Wir begannen die Drähte zu entwirren und zu messen.

Für mich hatte dieses Messen einen Haken. Die Arbeit war viel zu umständlich und zu schwer. Erdkabel konnten wir überhaupt nicht aufrollen und mussten die Reste auf der großen Holzrolle messen. Hinzu kommt, dass die Drähte mit einer schwarzen Isolier- und Schutzmasse überzogen waren, die wie Teer an den Händen klebte. Ich hatte einen anderen Vorschlag und wir stritten uns.
Mein Vorschlag war, die Drahtrollen so zu lassen wie sie sind und die Drahtlänge mit der Formel:

$$\text{Durchmesser mal } \pi \text{ mal Anzahl der Windungen}$$

auszurechnen.
Wenn die letzte Windung nicht vollständig ist, dann wird sie nicht mitgezählt, sondern getrennt gemessen und zur Gesamtlänge dazu gezählt.

Wir erhielten weitere Hilfe durch den Lehrling Achim. Er war von meinem Vorschlag begeistert und schlug vor, für π nur die ganze Zahl 3 einzusetzen. Seine Meinung war, dass die Abweichungen bei $\pi = 3,14$ so gering sind, dass man die 0,14 vernachlässigen kann. Außerdem könnten wir bei $\pi = 3$ die Drahtlängen im Kopf ausrechnen. Ich war anderer Meinung. Wir einigten uns, dass wir als Beweis die Länge einer Spule getrennt ausrechnen.

$$\text{Durchmesser der Drahtrolle } = 60 \text{ cm,}$$
$$\text{Anzahl der Windungen } = 16$$

Wer von uns hatte recht? Lösung Seite 25.

Julek beobachtete uns verlegen und machte nicht mit. Er bestand auf seiner herkömmlichen Methode und wollte mit dem neumodischen Kram nichts zu tun haben. Wir waren ihm gegenüber auch überheblich und arrogant. Er konnte ja nicht einmal einen Kreis berechnen. Heute schäme ich mich deswegen. Dieser fleißige und hilfsbereite Mensch, der im Leben soviel durchgemacht und geleistet hat, hätte auch von uns eine kleine Anerkennung und ein Dankeschön verdient. Danke Julek.

Lösungsvorschlag von Seite 24

Aufgabe: Wer von uns hatte recht?

Die Streitfrage war: Kann man bei der Berechnung der Länge eines Drahtes auf einer Rolle die Zahl $\pi = 3{,}14$ auf $\pi = 3$ kürzen?

Durchmesser der Drahtrolle = 60 cm
Anzahl der Windungen = 16
Formel: Länge = Durchmesser · π · Anz.Windungen
 d = Durchmesser der Spule
 w = Anzahl der Windungen

Lösung von Achim: Länge = $d \cdot \pi \cdot w$

 = 60 cm · 3 · 16
 = 2880 cm = **28,8 m**

Lösung von mir: Länge = $d \cdot \pi \cdot w$

 = 60 cm · 3,14 · 16
 = 3014,4 cm = **30,14 m**

Ergebnis: Die Differenz zwischen beiden Ergebnissen beträgt 1,34 m. Damit wurden von Achim 1,34 m zuwenig angegeben.

V. Schwere Aufgaben und doch so leicht

<u>Der richtige Weg</u>
Ferien. Wir waren 12 wanderlustige Studenten und suchten auf der Karte den Weg von Niederpöbel zur Schmiede. Nach der Beschreibung im Reiseführer war es nicht weit. Zwei Stunden wandern. Von den Kurgästen haben wir erfahren, dass es nur dort Spezialitäten wie geräucherte Würste und Backwaren aus dem Kamin gibt. Wir waren begeistert und gingen los. Nach zwei Stunden konnten wir die Schmiede auf dem Berg gut erkennen. Der Weg ging aber wieder bergab: "Und was dahinter kommt, geht niemand was an", trällerte Heinz. Ich zweifelte an der Beschreibung im Reiseführer. "Die haben bestimmt die Entfernung nach der Luftlinie gemessen." Helmut wollte nicht mehr rauf und runter laufen. Die Wandergruppe fing an, sich zu spalten. Wir waren nur noch drei müde Wanderer. "Wenn wir den Weg links durch den Wald gehen, dann schneiden wir Weg ab und brauchen nicht mehr bergab zu laufen", schlug Helmut vor. Wir stimmten ihm zu. Der Weg wurde aber immer länger und er hatte auch keine Wegmarkierungen mehr. Wir liefen bereits zwei weitere Stunden und wussten nicht mehr, wo wir waren. "Ich glaube, wir müssen rechts abbiegen." Auf einer Waldwiese sahen wir weit hinter uns die Schmiede. Jetzt gab es kein halten mehr. "Wir dürfen die Schmiede nicht mehr aus den Augen verlieren und in gerader Richtung auf unser Ziel laufen", schlug Helmut vor. Nach drei weiteren Stunden kletterten wir nur noch über große Steine und tiefe Löcher. "So eine Schinderei. Die Schmiede kommt nicht näher." Wir haben sie auch aus den Augen verloren. Plötzlich hörten wir Kinderstimmen. "Was machen die Männer da unten?" Es kamen immer mehr Wanderer, die uns kopfschüttelnd beobachteten. Wir kletterten schon eine ganze Weile neben dem Wanderweg und waren kurz vor der Schmiede. Alle lachten, nur wir nicht. Unsere Wandergruppe kam aus der Schmiede und zog mit ihrem Lachen noch mehr Schaulustige an. "Die geräucherte Wurst hat gut geschmeckt. Es gab auch frische Pfannkuchen", rief einer. Wir waren hungrig, müde und schmutzig. Das Schlimmste war aber die Schadenfreude und das Gelächter der Anderen. Mit der Wandergruppe traten wir den Heimweg an. Erst jetzt erkannten wir unseren Fehler. Der Weg zur Schmiede ging doch nicht bergab, sondern bog hinter einem Hügel nach links ab. Das konnten wir nicht sehen. Den Besuch verschoben wir auf einen anderen Tag.

Es wurde noch lange darüber gelacht, denn wer den Schaden hat, braucht für den Spott nicht mehr zu sorgen. Der bekannte Vorwurf: "Hätten wir ...", oder "Wären wir ... ", hatte wieder mal seine Berechtigung gefunden. Sicherlich ist es nicht nur uns so ergangen, denn Fehler macht wohl jeder mal. Wichtig ist, dass man daraus lernt. Im Leben stehen wir oft vor der Frage, welcher Weg ist der richtige?

In der Regel nimmt man ja den Weg, mit dem man am Besten und sicher sein Ziel erreicht. So ist es auch in der Mathematik. Erst gut überlegen und dann handeln. Dazu gehört auch:

"gewusst wie"

Der leichte Weg

Es liegt wohl in der Natur des Menschen, mit wenig Aufwand recht viel zu erreichen. Auch in der Mathematik kann man sich Rechenvorteile schaffen und damit Freunde unterhalten und bei Prüfungen oder Aufgaben viel Zeit einsparen. Sicherlich gehören dazu auch die Teilbarkeitsregeln.

In unserem Semester war ein Student, der mich mit seinem Kopfrechnen verblüffte. In seinem Betrieb war er Buchhalter und hatte viel mit Zahlen zu tun. Bei einigen Aufgaben war er schneller als die Eingaben der Zahlen in den Rechner. Sein Geheimnis hat er mir aber nie verraten. Ich versuchte hinter seine Schliche zu kommen und hatte in einigen Fällen Erfolg.

Mir fiel auf, dass er nur bei bestimmten Zahlen so schnell rechnen konnte. Ich schrieb diese Zahlen auf und fand auch die Lösungswege. Hier sind die Ergebnisse. Es war gar nicht so schwer.

Kopfrechnen

1. Quadratzahlen
   Der hier aufgezeigte Rechenweg geht nur dort, wo die letzte Zahl der zu ermittelnden Quadratzahlen eine 5 ist.

$$15^2, \quad 25^2, \quad 35^2, \quad 45^2, \quad 55^2, \quad 65^2, \quad 75^2, \quad \text{usw.}$$

Als <u>Beispiel</u> wollen wir die Quadratzahl von 35 ermitteln.
$$35^2 = 1225$$
Hier ist nur zu rechnen: $3 \cdot 4 = 12$ und hinter die 12 setzen wir die Zahl 25.
Also: **<u>12 25</u>**

Ein weiteres <u>Beispiel</u>.: Ermittlung der Quadratzahl von 55.
$$55^2 = 3025$$
Wir rechnen: $5 \cdot 6 = 30$ und hinter die 30 setzen wir wieder die Zahl 25.
Also: **<u>30 25</u>**

Wie kommt man aber bei der Ermittlung der Quadratzahlen auf diese einfache Multiplikation?

Nehmen wir unser erstes Beispiel,

$$35^2 = 1225$$

1. Von der 35 ziehe ich 5 ab und erhalte die Zahl 30 (1.Faktor).
2. Zu der 35 addiere ich 5 und erhalte die Zahl 40 (2.Faktor).
3. Die 25 erhalte ich aus der Multiplikation $5 \cdot 5 = 25$
4. Der Rechenweg ist wie folgt:

$$\begin{aligned} 35^2 &= 30 \cdot 40 + 25 \\ &= 3 \cdot 4 \cdot 10^2 + 25 \\ &= 12 \cdot 100 + 25 \\ &= 1200 + 25 \\ &= 1225 \end{aligned}$$

Rechenweg zweites Beispiel:

$$55^2 = 3025$$

1.   55 - 5 = 50   (1.Faktor)
2.   55 + 5 = 60   (2.Faktor)
3.   5 · 5 = 25
4. Rechenweg

$$\begin{aligned}55^2 &= 50 \cdot 60 + 25 \\ &= 5 \cdot 6 \cdot 10^2 + 25 \\ &= 30 \cdot 100 + 25 \\ &= 3000 + 25 \\ &= 3025\end{aligned}$$

Sicherlich ist es schon aufgefallen, dass Zahlen aufgerundet oder abgerundet und Rechenwege vereinfacht werden.
      $5 \cdot 6 \cdot 10^2$ rechnet sich leichter als $50 \cdot 60$
Außerdem konnte ich hier die 10^2 durch die zweistellige Zahl 25 ersetzen, indem ich sie einfach hinter die 30 setzte. Zu rechnen ist dann nur noch   **5 · 6 = 30**
und hinter die 30 wird die Zahl **25** rangesetzt.
        <u>**30 25**</u>

Damit stimmt unsere Mathematik wieder.

Aufgabe: Ermittle folgende Quadratzahlen durch Kopfrechnen.

      25^2, 45^2, 65^2, 85^2, 95^2, 105^2.

    Lösung zum Vergleich Seite 30.

Was soll man nicht alles im Kopf behalten?

Lösung zum Vergleich von Seite 29

Aufgabe: Quadratzahlen durch Kopfrechnen

25^2	$2 \cdot 3 = 6$	**625**
45^2	$4 \cdot 5 = 20$	**2025**
65^2	$6 \cdot 7 = 42$	**4225**
85^2	$8 \cdot 9 = 72$	**7225**
95^2	$9 \cdot 10 = 90$	**9025**
105^2	$10 \cdot 11 = 110$	**11025**

105^2 Bei dieser Aufgabe ist
105 - 5 = $\underline{10}$0 (1.Faktor)
105 + 5 = $\underline{11}$0 (2.Faktor)
$\underline{10} \cdot \underline{11} \cdot 10^2 + 25 = 11025$

2. Multiplikation

Bei einer Multiplikation mit dem Faktor 25 lassen sich ebenfalls Rechenvorteile schaffen. Dabei ist zu beachten, welche Möglichkeiten habe ich, was muss ich dabei beachten und lässt sich die Aufgabe durch Kopfrechnen leicht lösen. Durch Denken wollen wir ja unseren Geist schulen.

Wie löse ich zum Beispiel die Aufgabe:

$$48 \cdot 25 = x$$

Nicht gleich zum Taschenrechner greifen. Solch eine Aufgabe läßt sich leicht durch Kopfrechnen lösen.

Aber wie?

Den Inhalt der Aufgabe darf ich nicht verändern, denn er lautet ja:

$$48 \cdot 25 = x$$
$$x = 1200$$

Auf dieses Ergebnis muss ich kommen. Hier muss ich nur rechnen:

$$48 : 4 = 12 \quad \text{und} \quad 12 \cdot 100 = \mathbf{1200}$$

Wie komme ich aber auf diese einfache Lösung?
Die 48 lässt sich leicht durch 4 teilen. Ich muss mir also eine 4 schaffen, ohne den Inhalt der Aufgabe zu verändern.

$$25 = \frac{100}{4}$$

Für den Faktor 25 kann ich auch 100 : 4 einsetzen.
Unsere Aufgabe lautet dann:

$$48 \cdot 25 = 48 \cdot \frac{100}{4} = 12 \cdot 100$$
$$= \mathbf{1200}$$

Den unechten Bruch $\frac{100}{4}$ sollten wir uns gut merken, denn bei diesen Aufgaben kommt es auf die Kürzung des anderen Faktors mit der 4 an. Die Multiplikation mit der 100 dürfte dann nicht mehr das Problem sein.

Ein weiteres Beispiel: $\quad 25 \cdot 84$

Bei jeder Multiplikation mit 25 müssen wir immer im Auge behalten, ob sich ein Faktor durch 4 teilen lässt.

$$25 = \frac{100}{4}$$

Im Kopf rechnen wir nur 84 : 4 = 21 und multiplizieren die 21 mit der Zahl 100.

Zu merken ist hier nur: Wird eine Zahl mit 25 multipliziert, dann braucht man nur diese Zahl durch 4 dividieren und das Ergebnis mit 100 multiplizieren oder wie man so schön sagt, durch 4 teilen und zwei Nullen ranhängen.

Einige weitere Beispiele zu Übung:

1. Aufgabe: 16 · 25
16 : 4 = 4
Die 4 mit 100 multiplizieren.
Ergebnis: 16 · 25 = 4 · 100 = **400**

2. Aufgabe: 56 · 25
56 : 4 = 14
Die 14 mit 100 multiplizieren.
Ergebnis: 56 · 25 = 14 · 100 = **1400**

3. Aufgabe: 120 · 25
120 : 4 = 30
Die 30 mit 100 multiplizieren.
Ergebnis: 120 · 25 = 30 · 100 = **3000**

4. Aufgabe: 24 · 25
Wie man so schön sagt, die 24 durch 4 teilen und 2 Nullen ranhängen.
Ergebnis: 6 00 = **600**

Ihm ist ein Licht aufgegangen.

VI. Plus oder Minus
das ist hier die Frage
(frei nach Shakespeare)

Es war für mich eine große Hilfe, dass ich Formeln und Erläuterungen auf den Rückseiten meiner Kollegmappen aufschrieb. Dadurch konnte ich mir diese Aufzeichnungen besser merken und brauchte nicht lange suchen. Dazu gehörten auch die Merksätze zu: "Plus oder Minus". Man hat doch vieles vergessen und Wiederholungen zur Kontrolle von Lösungen können nicht schaden. Unser Deutschlehrer hat immer gesagt: "Nachschauen ist besser als Fehler machen". Also schauen wir nach.

Geben oder nehmen, Plus oder Minus, so fing in der Mathematik eigentlich alles an. Wo werden diese Begriffe nicht überall verwendet? Schon darüber wäre viel zu berichten. Man muss aber mit seiner Freizeit sehr sorgfältig umgehen und darum beschränken wir uns hier nur auf einige Fragen und Probleme des Alltags.

Plus 1. Plus, lat; "mehr"
  +   Auch zu verstehen als Überschuss und Vorteil.
       2. Plus wird verwendet als Bezeichnung für eine positive Zahl.
       3. Plus wird als Zeichen für eine Addition zwischen gegebenen Größen verwendet.

Minus 1. Minus, lat; "weniger"
  -   2. Minus ist ein mathematisches Zeichen für die Subtraktion (Minus kann auch positiv sein. Denken wir darüber nach.)
       3. Zeichen für negative Zahlen.
       Beispiel: -5, gesprochen: "minus 5."

Überall im Leben tauchen diese Zeichen und Begriffe auf.

	+		-
In der Firma machen wir	plus	oder	minus
Wir haben auf dem Konto	plus	oder	minus
Es gibt Temperaturen	plus	oder	minus
usw.			

Zum Merken und als Wiederholung:

1. Bei einer Multiplikation mit gleichen Vorzeichen ist das Ergebnis plus.

   $+ \cdot + = +$

   $- \cdot - = +$

2. Bei einer Multiplikation mit ungleichen Vorzeichen ist das Ergebnis minus.

   $+ \cdot - = -$

   $- \cdot + = -$

3. Bei einer Division mit gleichen Vorzeichen ist das Ergebnis plus.

   $+ : + = +$

   $- : - = +$

4. Bei einer Division mit ungleichen Vorzeichen ist das Ergebnis minus.

   $+ : - = -$

   $- : + = -$

Zu welchem Feld (1. - 4.) können die folgenden Aufgaben zugeordnet werden und wie sind die Lösungen?

Nr. ...... $(+a) : (+b) =$

Nr. ...... $(+a) \cdot (+b) =$

Nr. ...... $(-a) \cdot (-b) =$

Nr. ......$(+12) : (-2) =$

Nr. ...... $(-a) \cdot (+b) =$

Nr. ...... $(-a) : (-b) =$

Nr. ......$(-16) : (-4) =$

Nr. ...... $(+a) \cdot (-b) =$

Beispiel für Plus oder Minus:
Aufgabe:
Fred hat auf seinem Konto 825,26 DM.
Seine Schwester hat ihr Konto um 225,38 DM überzogen.
Beide Konten werden zu einem Konto zusammengelegt.
1. Welchen Betrag weist das gemeinsame Konto jetzt aus?
2. Wie hoch ist der Betrag, den Fred durch die Zusammenlegung eingebüßt hat?

Lösung:
zu 1.)   +825,26 DM - 225,38 DM = 599,88 DM
Das gemeinsame Konto weist einen Betrag oder ein Haben von **+ 599,88 DM** aus.

Zu 2.) Nach der Zusammenlegung beträgt der Anteil von Fred die Hälfte vom Guthaben.
+599,88 DM : +2 = **+299,94 DM**
Vor der Zusammenlegung der beiden Konten hatte er +825,26 DM und jetzt +299,94 DM.
Damit hat er **+ 525,32 DM** eingebüßt.

Lösungen von Seite 34:

Nr. 3.) (+a) : (+b) = + a:b

Nr. 2.) (-a) · (+b) = - ab

Nr. 1.) (+a) · (+b) = + ab

Nr. 3.) (-a) : (-b) = + a:b

Nr. 1.) (-a) · (-b) = + ab

Nr. 3.) (-16) : (-4) = + 4

Nr. 4.) (+12) : (-2) = - 6

Nr. 2.) (+a) · (-b) = - ab

"Gewusst wie"

VII. Der Schornstein

Seit Tagen gab es bei uns nur ein Thema: "Die bevorstehende Sprengung des Schornsteins vom alten Kesselhaus." Seit Jahren wurde er nicht mehr genutzt. Der letzte Sturm fegte lose Steine auf die Dächer der umliegenden Häuser. Es gab Schaden und Ärger. Er wurde immer mehr zu einer Gefahrenquelle und musste jetzt weg. In halber Höhe hatte er einen Wasserbehälter, der den Schornstein wie ein dickes Rohr umschlang. Wir bezeichneten ihn als Ring und den Schornstein als Finger. Aus der Ferne sah er auch so aus.

Das anliegende Kesselhaus wurde von unserer Schule als Ausstellungsraum für Maschinenteile, Werkzeuge und Ingenieurarbeiten genutzt. Die Renovierung und Ausgestaltung hat uns viel Freizeit gekostet. Deshalb ist es uns auch so ans Herz gewachsen. Was wird jetzt daraus? In der Mitte steht auch noch die alte und gut gepflegte Dampfmaschine aus dem vorigen Jahrhundert. Sie steht unter Denkmalschutz. Das Kesselhaus muss erhalten bleiben. Es gab viele Vorschläge und Fragen über Fragen. Wohin soll der Schornstein fallen? Wie hoch ist er? Kann er so fallen, dass kein Schaden entsteht? Der Sprengmeister beantwortete ruhig und sachkundig unsere Fragen. "Der Schornstein könnte auf die Fläche vor den Siedlungshäusern fallen. Dort sind nur alte Schuppen der Schule und ein Sicherheitsabstand zu den Wohnhäusern ist auch vorhanden. Fensterscheiben könnten jedoch zu Bruch gehen." Wir wollten das Kesselhaus retten und halfen bei der Verkleidung der Fenster und Türen.

"Ihr könnt ja mal ausrechnen, wie hoch der Schornstein ist." Dieser Hinweis vom Sprengmeister fiel auf fruchtbaren Boden. Unser Mathe-Lehrer malte einen Schornstein an die Tafel und hatte auch eine Aufgabe parat. "Wenn ihr wissen wollt, wie weit der Schornstein fällt, dann müsst ihr zuerst wissen, wie hoch er ist? Das dürfte euch nicht schwer fallen, denn wir hatten das schon mal." Heinz konnte es nicht lassen und rief: "Und wo bleibt der Ring?" "Den können sie vernachlässigen."

Wir kramten in der Erinnerung und suchten den günstigsten Lösungsweg.

Während Heinz in Fachbüchern suchte, blätterten Horst und ich in alten Aufzeichnungen. Es gab viele Möglichkeiten, die Höhe eines Schornsteins zu berechnen. Wir müssen nur den einfachsten Weg finden. Schließlich einigten wir uns auf das Rechnen mit Proportionen und die Anwendung des Dreisatzes. Heinz war begeistert, denn er fand in der "KLEINEN ENZYKLOPÄDIE - Mathematik" viele Neuigkeiten, die er uns unbedingt mitteilen wollte. "Wusstet ihr, dass Proportionen auch in der darstellenden und bildenden Kunst eine Rolle spielen. In der Renaissance haben besonders Leonardo da Vinci und Albrecht Dürer daran gearbeitet. Teile des Ganzen müssen in einem bestimmten Verhältnis stehen wie z.B. beim Menschen, Kopf durch Körperlänge = 1 : 8 . Wir müssen jetzt unbedingt den Kopf und den Körper von Horst ausmessen und feststellen, ob bei ihm Teile des Ganzen zu einem richtigen Verhältnis stehen." Horst war sauer. "Es wäre besser, du würdest uns beim Schornstein helfen." Krümel kam ins Zimmer und wollte mithelfen. Sie heißt eigentlich Monika, war zierlich und sah gut aus. Den Namen Krümel

$a : H = c : d$

erhielt sie von uns. Überall wo ihr Wuschelkopf auftauchte, gab es was zu lachen. Sie war schlau und machte jeden Spaß mit. Sie hatte sofort einen Zollstock in der Hand und wollte Horst ausmessen. Wir hatten aber was anderes zu tun. "Zuerst müssen wir eine Zeichnung machen und feststellen, was wir alles brauchen", meinte Horst und verteilte die Aufgaben.

Krümel holt eine lange Leiste, Heinz besorgt ein Meterband, Günther macht eine Skizze und ich die Tabelle für die zu messenden Strecken. Für uns war es bequem, dass er an alles dachte.

Es dauerte doch eine ganze Weile, bis wir alles zusammen hatten. Heinz kam als erster. "Denkt ihr, wir sind die einzigen, die ein Meterband brauchen." Aus einem Stock hat er ein Metermaß gebastelt. "Es geht", war das Urteil von Horst. Krümel kam mit einer zwei Meter langen Leiste und machte sie mit einem nassen Lappen sauber. Wir hatten jetzt alles beisammen und waren für die Aktion "Schornstein" gerüstet.

Vor Ort war alles viel komplizierter als wir dachten. Lauben, Schuppen, ein Graben und die Geröllhaufen versperrten uns den geraden Weg zum Schornstein. "Eine Schnur könnte helfen", schlug Heinz vor und rannte los. Mit einer 48 Meter langen Leine kam er zurück. "Das müsste reichen", meinte Horst. Während wir uns mit der Höhe des Schornsteins beschäftigten, unterhielt sich Heinz mit dem Sprengmeister, der alle Daten in seinen Unterlagen hatte. Grinsend kam er zurück und ich ahnte, dass er die Höhe bereits wusste.

Wir fingen an, die vorgesehenen Strecken zu messen.

$$a = 48 \text{ m}$$
$$H = \;?$$
$$c = 4 \text{ m}$$
$$d = 2 \text{ m}$$

Diese Aufgabe kann durch Kopfrechnen leicht gelöst werden.

Aufgabe: 1. Reichen die in der Skizze vorgesehenen Angaben für die Ermittlung der Höhe des Schornsteins aus?

2. Wie hoch ist der Schornstein?

Lösungsvorschlag Seite 39 zum Vergleich.

Lösungsvorschlag von Seite 38

zu 1.

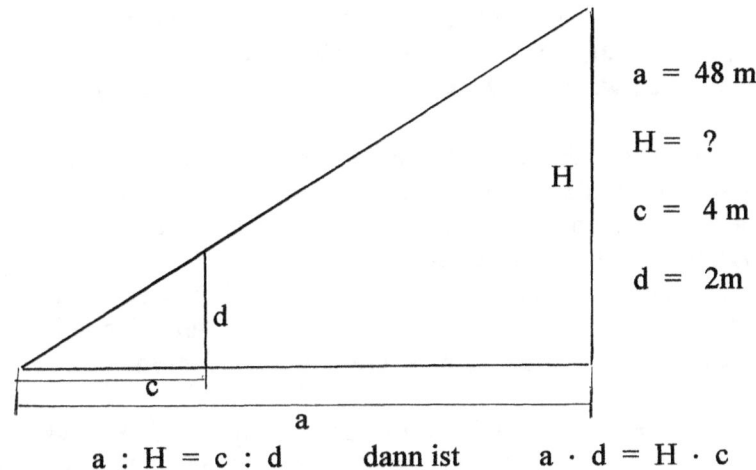

a : H = c : d   dann ist   a · d = H · c

Die Angaben für die Ermittlung der Höhe des Schornsteins sind ausreichend.

Zu 2. $H = \dfrac{a \cdot d}{c}$ $H = \dfrac{48 \text{ m} \cdot 2 \text{ m}}{4 \text{ m}}$

$= 12 \cdot 2 \text{ m}$

$= \mathbf{24 \text{ m}}$

Die Höhe des Schornsteins beträgt **24 m**.

Probe: $\dfrac{a}{H} = \dfrac{c}{d}$ $\dfrac{48}{24} = \dfrac{4}{2}$

$2 = 2$

Bei dieser Aufgabe haben wir den einfachen Weg gesucht und gefunden.

Es ist doch erstaunlich, wieviel Hilfsmittel für die Berechnung der Höhe eines Schornsteins verwendet wurden. Leinen, Schnur, Stangen, Wasserwaagen, Winkelmesser, Metermaße, Tabellen, Taschenrechner usw. Die Ergebnisse stimmten bei allen mit den Aufzeichnungen des Sprengmeisters überein. Gestritten wurde nur über den Rechenweg. Der einfachste Weg war wohl der Günstigste. Die meisten stimmten uns zu.

Am Freitag wurde das Gelände abgesperrt. Am nächsten Tag sollte die Sprengung stattfinden. Die ersten Zuschauer waren schon eine Stunde vor der angekündigten Zeit da. Wir stellten uns an der Absperrung so hin, als ob wir was zu sagen hätten. Ein Zuschauer rief uns entgegen: "Wie hoch ist denn der Schornstein?" Eine Stimme aus der Menge antwortete ihm: "24 Meter." Na ja, es hat sich also schon herumgesprochen. Wir packten unsere Zettel wieder ein.

Mehrere Warnsignale kündigten die Sprengung an. Es war garnicht so laut wie wir dachten. Der Schornstein schüttelte sich, als wollte er "nein" sagen. Dann fiel er langsam zur Seite und zerbrach mehrmals beim Fallen schon in der Luft. Eine Staubwolke hüllte ihn ein, als wollte sie seine Niederlage verbergen. Den "Finger mit dem Ring" gab es nicht mehr.

VIII. Der Aufsatz
Die Diagonale

Es sollte ein Rechenaufsatz über die Diagonale werden. So etwas hatten wir noch nie. Beruhigend war, dass wir 14 Tage Zeit dazu hatten. Beunruhigend war, dass die Zeit so schnell verging. Es war Sonntag. Am Montag sollte der Aufsatz abgegeben werden. Die Handys waren laufend im Betrieb, denn ich war nicht der Einzige, der bisher keinen Strich gemacht hat. Es gab von allen Seiten viele Fragen und wenig Antworten. Ich nahm keine Gespräche mehr an. In der Familie wollte mir jeder helfen. Wer aber kann und wie? Mein Bruder meinte: "Warum habt ihr im Unterricht keine Fragen gestellt? Hinweise für eine Gliederung und den Inhalt des Stoffes hättet ihr bestimmt erhalten. Wie immer, habt ihr aber nur mit dem Kopf genickt. Alles verstanden und nichts gewusst. Na ja, mit hohlem Kopf nickt es sich leichter." Er hatte es wie immer sehr eilig. Noch an der Tür rief er mir zu: "Du wirst doch noch einen Strich von Ecke zu Ecke machen können." Wenn das so einfach wäre? Auf solch eine Hilfe konnte ich verzichten. Vater verschwand auch und kramte in seinen alten Unterlagen. Scheinbar hatte er auch vieles vergessen.

Ein altes Sprichwort sagt: "Der Weg zur Hölle ist mit guten Vorsätzen gepflastert." Hätte ich mit dem Aufsatz nur eher angefangen. Dazu kommt, zuwenig aufgeschrieben und vieles vergessen. Das Einfache ist manchmal doch nicht so einfach.

Alle die mir helfen konnten, waren auf einmal nicht mehr da. Ich war wieder allein. Es war auch gut so. Erst muss man selber studieren und was tun. Dann kann man zielgerichtet fragen und vergleichen. Es war garnicht so schwer. Das Problem bestand eigentlich darin, das Wesentliche zu erkennen und sich darauf zu konzentrieren.

Hinweise über Diagonale fand ich sehr wenig, aber in den Aufgaben steckten sie drin. Mir ist erst jetzt aufgefallen, dass beim Lösen der verschiedensten Aufgaben immer wieder Diagonale verwendet wurden. Ich erinnerte mich auch an den Hinweis: "Schaut euch die Mathematikaufgaben an." Es tauchten dort immer wieder Beispiele auf, wo Diagonale verwendet wurden.

Erst wo ich in meinen Aufzeichnungen zielgerichtet nach Diagonalen suchte, fiel mir das auf.

Am einfachsten waren die Diagonalen in einem Quadrat. Da es sich hier um Flächen handelt, werden sie auch als Flächendiagonalen bezeichnet.

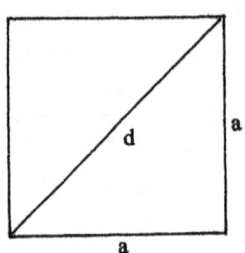

Mit einer Diagonale wird ein Quadrat in 2 gleiche rechtwinklige Dreiecke geteilt. Pythagoras läßt grüßen.

$$d = a\sqrt{2}$$

Wir haben aber in einem Quadrat 4 Ecken und ich kann hier eine weitere Diagonale einzeichnen, also

bei 4 Ecken 2 Diagonalen.

Wieviel Diagonalen könnte ich aber bei Flächen mit mehreren Ecken einzeichnen? Es gibt dazu auch eine Formel.

$$d = \frac{n(n-3)}{2}$$

d = Diagonalen (hier d = Anzahl)
n = Anzahl der Ecken

Bei einer Fläche mit 6 Ecken kann ich 9 Diagonalen einzeichnen.

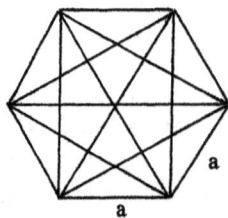

$$d = \frac{n(n-3)}{2} = \frac{6(6-3)}{2} = 3 \cdot 3$$

$$d = 9 \quad \text{(Anzahl d)}$$

Bedeutung haben die Diagonalen auch bei geometrischen Konstruktionen. Die Schnittpunkte der Diagonalen bei regelmäßigen Vierecken wie Quadrat, Rechteck, und Parallelogramm ergeben auch den Schwerpunkt.

 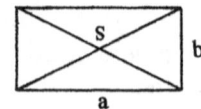 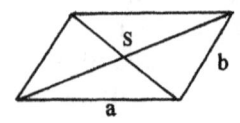

Zu beachten sind die Unterschiede zwischen den Diagonalen auf den Flächen und in Räumen. Hier ein Beispiel mit einem Würfel.

1. Die Flächendiagonale (d).

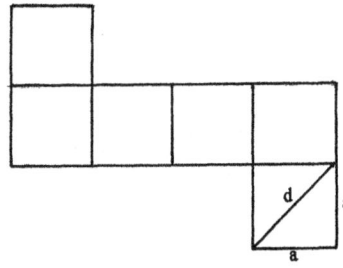

Ein Würfel hat 6 Seiten und damit auch 6 quadratische Flächen. Auf jeder dieser Flächen kann ich 2 Diagonalen einzeichnen. Diese Diagonalen sind untereinander gleich groß. Somit hat ein Würfel 12 Flächendiagonalen.

$$d = a\sqrt{2}$$

2. Die Raumdiagonalen (D).

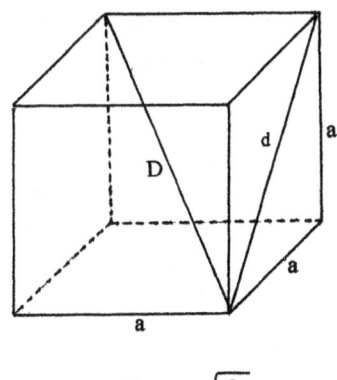

Eine durch den Würfel hindurch verlaufende Diagonale (D) heißt Raumdiagonale. Hier kann ich 4 Raumdiagonalen einzeichnen.

$$D = a\sqrt{3}$$

Wir haben es also bei einem Würfel mit

12 Flächendiagonalen und
4 Raumdiagonalen zu tun.

Einige Aufgaben,
weniger zum Rechnen, mehr zum Nachdenken.

1. In einem Kreis ist ein Rechteck (A, B, C und D) mit der Diagonale A und C.

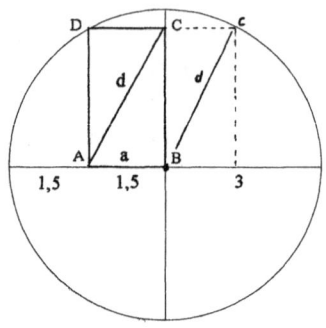

(siehe nebenstehendes Bild)

Die Seite a des Rechtecks beträgt 1,5 Meter und der Durchmesser des Kreises 6 Meter.

Wie groß ist die Diagonale?

2. In einem Sägewerk werden aus Rundhölzern rechteckige Balken angefertigt. Die Rundhölzer haben einen Durchmesser von 40 cm.

2.1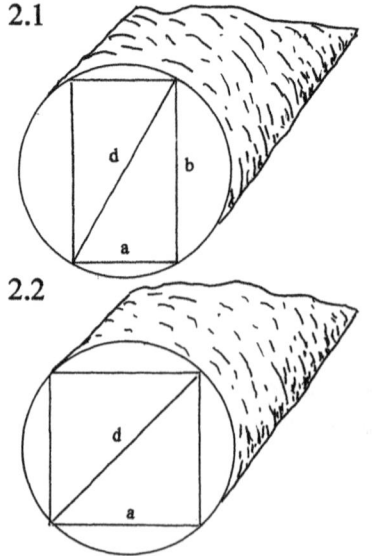

Wie groß ist die Diagonale bei den rechteckigen Balken, wenn die Seite a 20 cm beträgt?

(siehe Bild 2.1)

2.2

Wie groß ist die Diagonale, wenn die Balken quadratisch sind?

(siehe Bild 2.2)

Lösungsvorschläge von Seite 44.

Zu 1) Wie groß ist die Diagonale im Rechteck (A, B, C und D)?
Hier gibt es für die Lösung mehrere Möglichkeiten.

    1.1 Wenn das Rechteck auf die rechte Seite des Kreises verschoben wird, dann ist zu erkennen, dass die Diagonale und der Radius des Kreises gleich groß sind. 3 m.

    1.2 In einem Rechteck sind die Diagonalen gleich groß. Die Diagonale B,C ist auch so groß wie der Radius des Kreises. Beide sind 3 m.

Zu 2) Wie groß sind die Diagonalen bei den Balken?

    2.1 Bei den rechteckigen Balken sind die Diagonalen so groß wie die Durchmesser der Rundhölzer, 4o cm. Das Maß der Seite a spielt hier keine Rolle.

    2.2 Die Diagonalen bei den quadratischen Balken sind ebenfalls 40 cm.

So schwer ist es doch nicht.

IX. Der Vortrag
Die Null

Das Leben selbst schreibt doch die schönsten Geschichten. Vieles habe ich bei meinem Studium erlebt. Unser Dozent hat es immer meisterhaft verstanden, uns für die Mathematik zu begeistern. Diesmal sollten wir mit einigen Problemen der Zahlentheorie vertraut gemacht werden. Auf der Tagesordnung stand: "Das Rechnen mit der Null." Mir sagte dieses Thema nichts und wir nahmen die Null als Schimpfwort in unseren Sprachschatz auf. Mein Freund Heinz meinte: "Die Null heißt **nichts** und da brauche ich mir auch nichts aufschreiben." Zur Vorlesung nahm er sich aber sicherheitshalber Papier und Schreibzeug mit. Der Vortrag war für die meisten sehr interessant und es wurde fleißig mitgeschrieben.

Der Ausgangspunkt für das Thema war, dass die Bedürfnisse, aber auch die Fähigkeiten der Menschen, zu allen Zeiten zunahmen und damit auch an die Mathematik ständig höhere Anforderungen gestellt wurden. Es war schon eine große Sensation, als findige Köpfe die ersten Zahlen erfanden und damit rechneten. Finger, Steine, Kerben, Muscheln usw. reichten nicht mehr aus. Für viele kleine Händler war das Rechnen mit diesen Hilfsmitteln einfacher und ausreichend. Auch wir verwenden heute noch Strichlisten. Am Anfang lehnten nicht Wenige die Zahlen aus den verschiedensten Gründen ab. Die Entwicklung des Neuen war kein gerader Weg. Gelehrte und Wissenschaftler hatten es oftmals sehr schwer, sich gegen Vorurteile und Unwissen zu behaupten. Einige wurden verfolgt oder gezwungen, ihre Meinung zu ändern. Es ist schlimm, wenn Leute die Macht und das Sagen haben und nicht über die erforderlichen Kenntnisse und charakterlichen Eigenschaften verfügen. Das Neue setzte sich aber durch, weil es den Erfordernissen und Bedürfnissen der Menschen entsprach. Die Zahlen wurden immer mehr zum grundlegenden Begriff der Mathematik und ihre Anwendbarkeit beruhte auch darauf.

Im Laufe der Geschichte haben sich die einzelnen Völker eigene und voneinander unterschiedliche Zahlenzeichen erarbeitet und damit gerechnet. Die Griechen benutzten seit Mitte des 5. Jahrhunderts vor unserer Zeitrechnung als Zahlen Buchstaben ihres Alphabets und ergänzten sie mit anderen Zeichen.

Die Babylonier verwendeten ihre Keilschrift und die römischen Ziffern sind sicherlich bekannt. Es waren in den einzelnen Ländern nicht nur andere Zahlenzeichen, sondern auch das Rechnen mit ihnen war anders. Siehe das Rechnen mit den römischen Zahlen. Die Ergebnisse mussten aber stimmen und sie stimmten auch, jedenfalls meistens. Die Anzahl der Zahlenzeichen waren aber unterschiedlich und das Zusammenstellen von größeren Zahlen war oft kompliziert. Die römischen Zahlen werden mit sieben Ziffern gebildet.

römische Ziffern	I	V	X	L	C	D	M
arabische Ziffern	1	5	10	50	100	500	1000

Bei den arabischen Zahlen gibt es zehn Zahlenzeichen. Sie kamen aus Indien und haben sich in der ganzen Welt durchgesetzt. In der Welt gibt es viele Sprachen, aber in den meisten Ländern einheitliche Zahlenzeichen und einheitliches Rechnen. Auch die Formelsprache entwickelte sich in den meisten Ländern einheitlich. Deshalb verstehen sich die Mathematiker der einzelnen Länder so gut, auch wenn sie sich sprachlich nicht immer verständigen können.

In Deutschland traten die arabischen Ziffern Mitte des 15. Jahrhunderts auf und verdrängten die bis dahin üblichen römischen Zahlenzeichen.

$$1 \quad 2 \quad 3 \quad 4 \quad 5 \quad 6 \quad 7 \quad 8 \quad 9 \quad 0$$

Die Inder haben auch die Null erfunden und damit schon eine ganze Weile gerechnet, bevor sie von den Arabern übernommen wurden. Dabei spielte der Handel eine große Rolle. Es gab Guthaben und es gab Schulden. Bei der Berechnung dieser beiden Größen reichten die positiven Zahlen nicht mehr aus. Wurden die Schulden abgezahlt, dann hat man am Anfang einfach alles gestrichen. Aber was hat man im Kassenbuch eingetragen, wenn nur ein Teil der Schulden bezahlt wurde?

    z.B. Schulden: 25
      Rückzahlung 15
      Restschulden 10

Man begann mit negativen Zahlen zu rechnen.

Die Zahlen mussten eindeutig dargestellt werden.

z.B. 25 - 15 - 10 = O

Die Inder haben sich am Anfang damit geholfen, dass sie statt der Null einen Punkt und später einen kleinen Kreis setzten. Darauf muss man erst kommen. Die 10 Ziffern waren jetzt komplett. Mit nur diesen zehn Ziffern lassen sich alle Zahlen der Welt darstellen (bis auf wenige Ausnahmen).

Die negativen Zahlen wurden am Anfang noch von einigen Mathematikern abgelehnt und sie weigerten sich, diese Zahlen anzuerkennen. Es gab Auseinandersetzungen und Streitereien.

Heut stellen wir fest, das Diktat der Zahlen hat in unserem Zeitalter längst begonnen. Überall begegnen wir heut Zahlen. Nichts geht mehr ohne sie. Bei der Bank, im Computer, beim Sport und, und, und.

Man braucht auch die Null als Stellenwert bei den Zahlen.
z.B. die Zahl 7208

Diese Zahl besteht aus
        7 Tausender
+   2 Hunderter
+   0 Zehner
+   8 Einer

Ohne der Null würde diese Zahl nur
728 lauten.

Heut ist das Rechnen mit der Null so selbstverständlich, dass die meisten darüber nicht mehr nachdenken.

Sollte man aber.

Die 4 Grundrechnungsarten mit der Zahl Null, wenn a eine natürliche Zahl ist.

1. Addition und Subtraktion

$a + 0 = 0 + a = a$ $3 + 0 = 0 + 3 = 3$
$a - 0 = a$ $5 - 0 = 5$
$0 - a = -a$ $0 - 4 = -4$
Sonderfall: $0 + 0 = 0$
    $0 - 0 = 0$

2. Multiplikation

$a \cdot 0 = 0 \cdot a = 0$ $4 \cdot 0 = 0 \cdot 4 = 0$
Sonderfall: $0 \cdot 0 = 0$

3. Division

$0 : a = 0$ falls $a = 0$

Die Division einer ganzen Zahl durch Null ist sinnlos und nicht ausführbar.

Wie immer, wurde ein Teil des Vortrages für die Beantwortung von Fragen verwendet. Es war schon fast ein zweiter Vortrag und die geplante Zeit reichte auch diesmal nicht aus. "Es gibt keine dummen Fragen, nur Dumme die nicht fragen." Damit wurde die Fragestunde eingeleitet. Vorwiegend ging es um die rationelle Anwendung der Zahlen. Die Rechenkünstler unter uns hielten sich zurück. Heinz meinte: "So schlau sind sie doch nicht." Fragen hatte wohl jeder. Einer rief in den Raum: "Warum haben die Uhren eine 12 Stunden Einteilung? Eine 10 wäre doch viel günstiger und warum haben wir bei den Kreisen eine Gradeinteilung von 360. Damit ist das Rechnen doch unnötig kompliziert." Es wurde spannend.

Die Antworten waren verständlich. Es ist doch erstaunlich, wie weit man schon im Altertum mit der Mathematik war.

Die Einteilung der Uhr nach 12 Stunden hat was mit der Teilbarkeit zu tun. Wir wurden alle in die Lösung dieses Problems mit einbezogen und rechneten fleißig mit.

Hier die Ergebnisse.

Frage: Mit wieviel verschiedenen Zahlen kann man eine 10 teilen?
Antwort: Mit vier Zahlen,
der 1   2   5   und 10.

Frage: Wieviel Teiler hat die 12?
Antwort: **Eine 12 hat sechs Teiler,**
die 1   2   3   4   6   und 12.

Frage: Auf welcher Zahl steht der große Zeiger einer Uhr, wenn es viertel-Acht ist?
Antwort: Der Zeiger steht auf der **3.**

Frage: Auf welcher Zahl würde der große Zeiger bei einer 10-Stundeneinteilung der Uhr bei gleicher Zeit stehen?
Antwort: Der Zeiger würde auf der 2,5 stehen.

Die Vorteile liegen hier wohl auf der Hand. Betrachten wir das Beispiel weiter.

Frage: Wieviel Teiler hat die Zahl 60?
Antwort: **Die 60 hat zwölf Teiler,**
die 1 2 3 4 5 6 10 12 15 20 30 und 60.
Die Zahl 60 läßt sich also mit 12 verschiedenen Zahlen teilen.

Wie sieht es aber mit der 100 aus?

Frage: Wieviel Teiler hat die 100?
Antwort: Die 100 kann man nur mit 9 verschiedenen Zahlen teilen, mit der 1 2 4 5 10 20 25 50 und 100.

Weil die 60 soviel Teiler hat, wurde auch die Stunde in 60 Minuten und die Minute in 60 Sekunden eingeteilt. Hier finden wir auch den Grund für die Gradeinteilung bei Kreisen und Winkel.

Merken wir uns die Zahlen 360 und 3600

Aufgaben:
Zum Kopfrechnen und zur Übung.

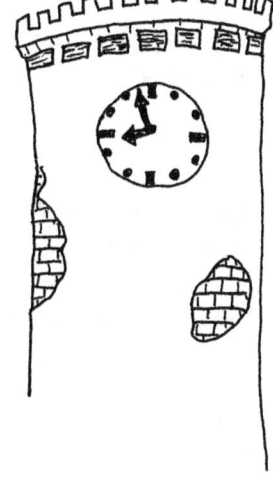

1. Eine Turmuhr gibt stündlich die Uhrzeit durch Glockenschläge bekannt. Um 7 Uhr schlägt sie sieben mal.
Wie oft schlägt sie von 8 bis 12 Uhr?

2. Zwischen 2 Glockenschlägen vergehen 3 Sekunden.
Wieviel Sekunden vergehen bei den Glockenschlägen um 8 Uhr?

3. Von der Zahl **70.286.020** werden die Nullen entfernt.
Wie groß ist die Zahl ohne Nullen?
Wie hoch ist die Differenz zwischen der Zahl mit den Nullen und der Zahl ohne Nullen?

4. Wieviel Sekunden hat eine Stunde?

5.
$3600 \cdot 0 =$ $12 - 0 =$

$360 + 0 =$ $0 - 12 =$

$3600 : 60 =$ $360 - 0 =$

$60 \cdot 60 =$ $360 + 0 =$

$0 : 60 =$ $0 - 360 =$

Lösungsvorschläge

1. Eine Turmuhr schlägt von 8 bis 12 Uhr **50 mal.**
   8 + 9 + 10 + 11 + 12 = 8 + 12   +   9 + 11   +   10
            =   20   +   20   +   10
            =   **50 Glockenschläge**

2. Zwischen zwei Glockenschlägen vergehen 3 Sekunden.
   Bei acht Glockenschlägen sind es 21 Sekunden.

   Anzahl der Glockenschläge.
   1 2 3 4 5 6 7 8

   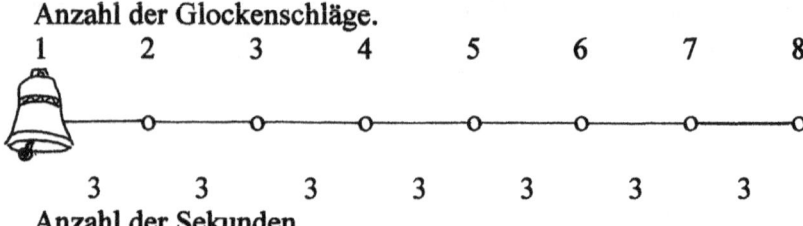

    3 3 3 3 3 3 3
   Anzahl der Sekunden.

   Zwischen den einzelnen Glockenschlägen vergehen 7 Pausen zu je 3 Sekunden. Die Gesamtzeit beträgt bei 8 Glockenschlägen
   7 mal 3 Sekunden = **21 Sekunden.**

3. Von der Zahl 70.286.020 werden die 3 Nullen entfernt. Damit verringert sich diese Zahl um 3 Stellen. Übrig bleibt die Zahl
   72.862
   Die Differenz zwischen diesen beiden Zahlen beträgt
   70.286.020 - 72.862 = **70.213.158**

4. Eine Stunde hat 60 mal 60 Sekunden = **3.600 Sekunden.**

5.   3.600 · 0 = 0   12 - 0 = 12
       360 + 0 = 360   0 - 12 = -12
      3.600 : 60 = 60   360 - 0 = 360
       60 · 60 = 3.600   360 + 0 = 360
       0 : 60 = 0   0 - 360 = -360

X. Der vergessene Koffer
Das Hebelgesetz

Wenn einer eine Reise tut, dann kann er was erzählen. Es kommt aber immer darauf an, wem man was und wie erzählt. Gute Freunde werden meist aufmerksam zuhören. Man kann ihnen auch Missgeschicke anvertrauen und gemeinsam darüber lachen. Böse Nachbarn würden auch darüber lachen, aber anders. Hier spürt man den Unterschied zwischen Freude und Schadenfreude.

Es begann eigentlich mit der Urlaubsvorbereitung. Einkaufen, Termine vereinbaren, Landkarten studieren, Pläne schmieden und sich auf den Urlaub freuen. Mein Sohn Klaus ließ sich auf dem Markt eine Tube Nussölcreme aufschwatzen. Gemeinsam mit meiner Frau entschieden sie, die Creme muss erst ausprobiert werden. "Vater braucht das nicht zu wissen." Also war ich das Versuchsobjekt. Ich wunderte mich, warum man mir ohne Grund eine Gesichtsmassage verabreichte. Ich hatte das aber gern. Am nächsten Tag erkannte ich mich im Spiegel nicht mehr. Ich war braun wie nach einem Urlaub in Spanien und wollte mich krank schreiben lassen. Das ging aber nicht. Alle bewunderten mich und die mich kannten, lachten. Das hatte ich nicht gern. Es fing ja gut an.

Der Urlaubstermin rückte näher und die Koffer mussten gepackt werden. Wie immer, bekam jeder sein Gepäck zugeteilt und war für das Packen und den Transport voll verantwortlich. Meine Frau entschied, was unbedingt mitgenommen werden muss und legte die Sachen zurecht. Natürlich hatte ich den größten Koffer und eine kleine Reisetasche. Klaus war für drei Gepäckstücke verantwortlich und Leni hatte wie immer ihre zwei Handtaschen. "Warum soviel Gepäck? Es ist doch ein Jahresurlaub und nicht ein Jahr Urlaub", maulte ich und zählte die Gepäckstücke. Es müssen also sieben Stück sein.
Das Taxi kam und transportierte uns mit dem Gepäck zum Bahnhof. Der Fahrer war über diese umfangreiche Fracht nicht sehr begeistert. Ich gab reichlich Trinkgeld und er half mir dafür beim Transport meines schweren Koffers. Treppe runter, Treppe rauf, Bahnsteig drei. Der Bahnsteig war mit Urlaubern und Gepäck überfüllt. "Wir brauchen nicht drängeln, denn wir haben ja Platzkarten", beruhigte ich meine Familie und war selber aufgeregt.

"Von der Bahnsteigkante zurücktreten", tönte es aus dem Lautsprecher und alle drängten an die Bahnsteigkante. Ich kontrollierte, ob jeder von uns sein Gepäck hatte und wir stiegen als Letzte ein. Wir hatten ja Platzkarten, aber unsere Plätze waren besetzt. Erst mit Hilfe des Schaffners konnten wir unsere Plätze einnehmen und ernteten dafür Beleidigungen und böse Blicke. Der Zug fuhr an und ich schaute aus dem Fenster. Auf dem Bahnsteig stand einsam und verlassen ein Koffer. Ich schüttelte den Kopf und sagte zu Leni: "Da hat doch jemand seinen Koffer vergessen." Leni schaute gleichgültig aus dem Fenster und schrie plötzlich laut auf: "Das ist doch unser Koffer. Du hast nur auf uns geschaut und dabei deinen Koffer vergessen." Das war hart. Im Abteil waren alle aufgeregt. Mein Blick ging auf die Notbremse.

"Untersteh dich", sagte Leni. "Such lieber den Schaffner." Aber wo ist er? "Klaus, du gehst nach vorn und ich nach hinten", entschied ich. Das war keine leichte Aufgabe, denn der Zug war gerammelt voll. Bergsteigen über Koffer und Taschen war angesagt. Die Fahrgäste hatten dafür kein Verständnis. Die Zeit verging. Ob der Koffer noch da ist? Der Zug endete und der Schaffner war nicht zu finden. Also wieder den Weg zurück. Klaus war auch nicht da. Der Weg nach vorn war nicht so kompliziert, denn hier waren die erste Klasse und der Speisewagen. Das kann es doch nicht geben. Den Schaffner habe ich nicht gefunden aber Klaus. Er saß gemütlich im Speisewagen vor einem Erfrischungsgetränk. Meine bösen Blicke entkräftete er mit den Worten: "Du brauchst dich nicht mehr aufregen. Es ist alles in Ordnung. Der Koffer wird zu unserem Bahnhof nachgeschickt und kann dort abgeholt werden." Ich wurde ruhiger. Man kann doch viel von der Jugend lernen.

Wir stiegen aus und der Zug fuhr weiter. Vom Hotel sollten wir abgeholt werden, aber es war kein Fahrzeug zu sehen. Der Beamte vom Bahnhof half uns bei der Bestellung eines Taxis und wir fuhren los. Es war schon sonderbar, dass wir nach einer halben Stunde Fahrt immer noch nicht da waren. Erst jetzt bekam ich mit, dass wir eine Station zu zeitig ausgestiegen sind. Arme Reisekasse.

Im Hotel war wenigstens alles in Ordnung. Die Gäste kamen vom Abendbrot und wir hatten keinen Koffer. Die Betten waren aber gut.

Am nächsten Tag entschied ich, wir holen jetzt mit Klaus den Koffer. Leni überstimmte mich: "Erst wird in aller Ruhe gefrühstückt. Danach könnt ihr losziehen. Besorgt euch einen Stock, denn der Koffer wird für einen zu schwer." Also kein Taxi. Der Koffer war schon da und ich hatte das Gefühl, dass er schwerer wurde. Der Stock musste her. Wir trugen jetzt den Koffer mit zwei Personen. Das Gewicht musste aber gerecht verteilt werden.

Aufgabe:

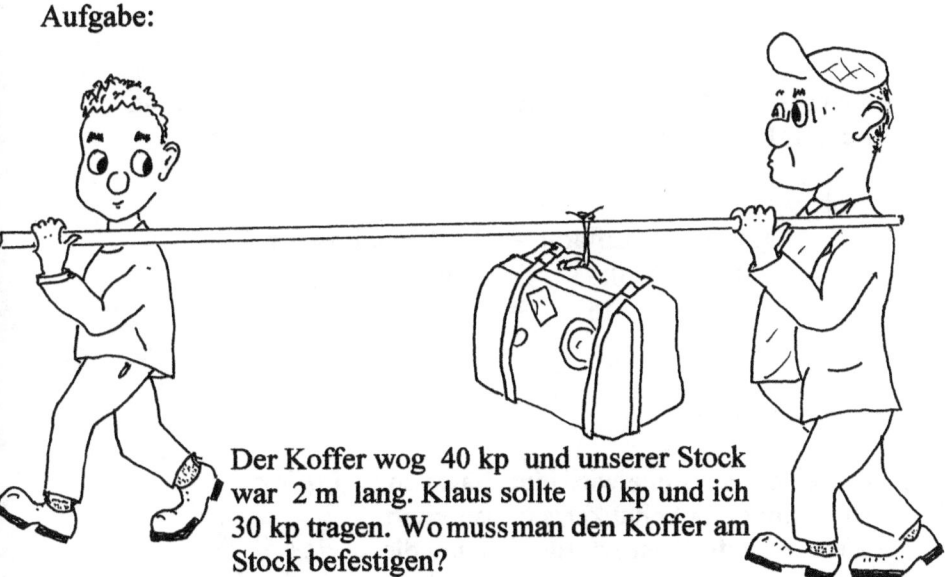

Der Koffer wog 40 kp und unserer Stock war 2 m lang. Klaus sollte 10 kp und ich 30 kp tragen. Wo muss man den Koffer am Stock befestigen?

Lösung:

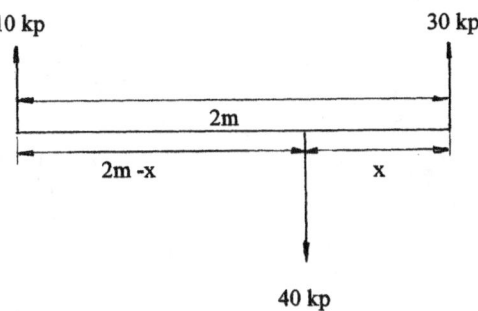

$$10 \text{ kp} \cdot 2 \text{ m} = 40 \text{ kp} \cdot x$$

$$\frac{10 \text{ kp} \cdot 2 \text{ m}}{40 \text{ kp}} = x$$

$0,5 \text{ m} = x$ 0,5 m ist der Abstand auf der Stange von mir zum Koffer

$2 \text{ m} - 0,5 \text{ m} = 1,5 \text{ m}$ Bei Klaus beträgt der Abstand 1,5 m

Klaus trägt 10 kp und der Koffer ist von ihm 1,5 m entfernt. Bei mir beträgt die Last 30 kp und der Lastarm 0,5 m.

Probe:

    Kraft mal Kraftarm = Last mal Lastarm
       30 · 0,5 = 10 · 1,5
          15 = 15

Aufgabe zum Üben:

1. Auf einer Baustelle wird eine Last von 80 kp mit einer Schubkarre transportiert. Welche Kraft F ist erforderlich, um die Schubkarre an den Griffen zu halten? (Siehe Bild)

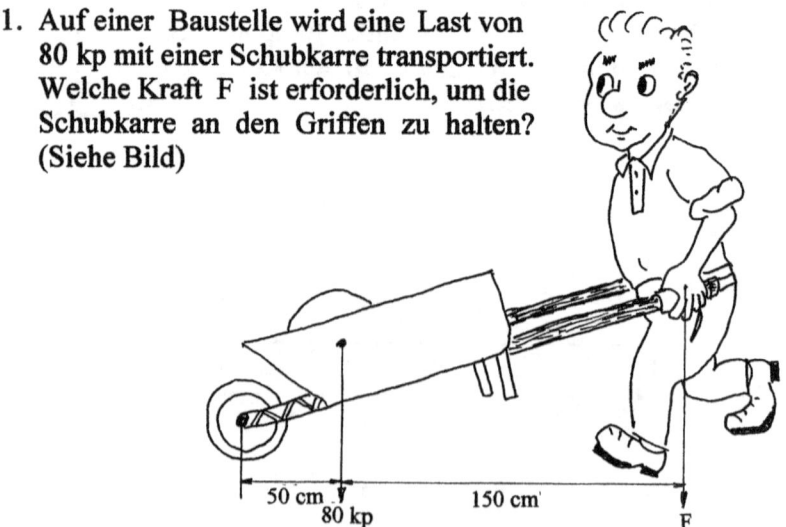

Lösungsvorschlag

Für die Berechnung gilt:

Last mal Lastarm = Kraft mal Kraftarm

Wir wollen ermitteln, mit welcher Kraft **F** wird die Schubkarre bei einer Last von **G = 80 kp** an den Griffen in der fahrbereiten Stellung gehalten?

1. Wie immer, muss man feststellen:
   Was braucht man,
   was hat man und
   reicht das.

   Wir haben:

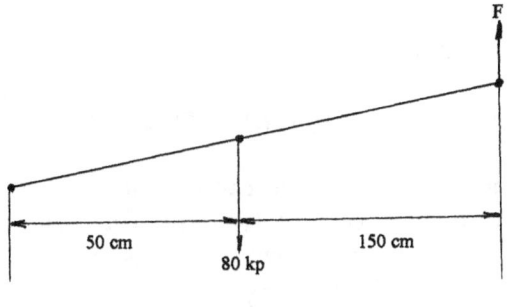

$$\begin{aligned} \text{Last} &= 80 \text{ kp} \\ \text{Lastarm} &= 50 \text{ cm} \\ \text{Kraftarm} &= 150 \text{ cm} \end{aligned}$$

Damit sind alle Angaben vorhanden, die wir für die Ermittlung der Kraft **F** benötigen.

2. Berechnung der Kraft **F**.

   $$F \cdot 200 \text{ cm} = 80 \text{ kp} \cdot 50 \text{ cm}$$

   $$F = \frac{80 \text{ kp} \cdot 50 \text{ cm}}{200 \text{ cm}}$$

   $$\mathbf{F = 20 \text{ kp}}$$

3. Probe: $80 \text{ kp} \cdot 50 \text{ cm} = 20 \text{ kp} \cdot 200 \text{ cm}$
   $$4000 = 4000$$

Wenn man aufmerksam seine Umgebung betrachtet, wird man überall Hebel vorfinden. An Maschinen, Werkzeugen, Haushaltsgeräten, Türklinken, Waagen usw, hat man es mit Hebeln zu tun. Sicherlich wurden auch die Steinblöcke der ägyptischen Pyramiden und die Säulen der Tempel im Altertum mit Hilfe von Hebeln transportiert und bewegt. Das ist es, was uns heut bei der Betrachtung dieser Bauten so in Erstaunen versetzt.

Mit einer kleinen Kraft und einem langen Kraftarm kann eine große Last mit einem kurzen Lastarm gehoben oder im Gleichgewicht gehalten werden. Je länger der Kraftarm, um so weniger Kraft benötigt man zum Heben einer Last

Dabei muß man wissen:

Was man an Kraft spart, muss man am Weg zusetzen.

Beim Transport von schweren Lasten ist nicht immer eine große Hebetechnik vorhanden oder notwendig. Ein Rohr oder eine stabile Stange als Hebel und einige Rollen tun es manchmal auch.

Der Hebel spart Kraft

XI. Nachbarn
Masse-Kilo, Kraft-Pond

Zu meinen Nachbarn hatte ich bisher immer ein gutes Verhältnis. Wir grüßten uns freundlich, sprachen über das Wetter und halfen uns mit guten Ratschlägen. Mehr nicht. Deshalb kamen wir auch gemeinsam gut aus. Die Technik machte in dieser Zeit große Fortschritte und griff brutal in unser harmonisches Zusammenleben ein. Wir kauften uns einen Fernseher und waren stolz, in unserem Wohnblock die ersten Besitzer dieses technischen Wunders zu sein. Der Fernseher war nicht nur groß, sondern auch schwer. Dafür war das Bild etwas klein. So waren eben die ersten Fernseher. Die Transportarbeiter trugen ihn mit Hilfe von Bändern ins Haus und stellten ihn im Wohnzimmer ab. Auspacken, staubwischen, in die Ecke schieben, Stecker in die Steckdose und einschalten. Außer Rauschen, laut und leise, passierte nichts. In der Kaufhalle wurde er ausprobiert und funktionierte einwandfrei. Ich begann die Gebrauchsanweisung zu lesen und wurde immer hilfloser.

Mit den Erklärungen und Fremdwörtern kam ich nicht mehr zurecht. Nur eins wusste ich, die Fernsehantenne fehlt. Im Haus hatten wir damals so etwas nicht. Also nochmal in die Kaufhalle. Der Ärger begann. Im Haus wartete mein Nachbar Hedrich. Er wollte nicht helfen, sondern nur den Fernseher ansehen. "Ich komme nochmal wieder", versprach er mir. Meine Frau meinte: "Du kannst doch die Antenne auf dem Boden aufstellen und brauchst nicht aufs Dach." Sie hatte immer die besten Ideen. Auf dem Boden hing die Frau meines Nachbarn Wäsche auf. "Sie wollen doch nicht die Antenne auf dem Boden aufstellen? Der Boden ist zum Wäschetrocknen da und nicht für Antennen", empfing sie mich. Bisher war sie so eine sympatische Frau. Ich ging bis zum Ende des Bodens und war jetzt außer Reichweite von Frau Hedrich. Dafür war jetzt mein Fernsehkabel zu kurz und ich musste wieder in die Kaufhalle. Inzwischen warteten im Wohnzimmer drei Nachbarn auf die erste Sendung. Ich wurde langsam unruhig, denn ich hatte keinen eingeladen. Der Antennenbauer kommt erst in vierzehn Tagen und meine technischen Leistungen waren nur als Probe gedacht. Wir waren nur neugierig. Der erste Versuch ist geglückt, aber das Bild und der Ton waren nicht so wie bei der Vorführung in der Kaufhalle. Es klingelte an der Tür und ein weiterer Nachbar und die Frauen meiner ungebetenen Gäste kamen mit ihren Kindern.

Wir waren inzwischen 15 Personen. Die Kinder saßen auf dem Sofa und die übrigen Gäste belegten alle Stühle und Sessel. Es klingelte und Frau Hedrich wollte nur ihren Mann abholen. Sie machte aber keine Anstalten zu gehen und bekam einen Stuhl aus der Küche. Für mich war nur noch der Hocker aus dem Badezimmer frei. Ich bekam Hinweise von allen Seiten. Geholfen hat mir aber keiner. "Man muss die Antenne zum Sender drehen", schlug jemand vor. Also, Treppe rauf, Antenne drehen und Treppe runter. Meine Gäste riefen wie im Chor: "Schlechter." Wieder, Treppe rauf, Antenne in die andere Richtung drehen und Treppe runter. "Jetzt ist das Bild besser", rief mir meine Frau auf der Treppe zu. Das Bild war noch verschwommen, aber der Ton war klar. Ich war außer Atem und opferte jetzt meine Biervorräte. Der Fernseher und die Gespräche wurden immer lauter.

Frau Hedrich studierte die Gebrauchsanweisung und meinte: "Warum steht hier, Gewicht: 65 Kilopond? Man sollte doch bei der deutschen Sprache bleiben und 65 Kilogramm schreiben. Man bringt ja das Wissen unserer Kinder durcheinander." Mein Problem bestand jetzt darin, wie konnte ich ihre Meinung korrigieren, ohne sie zu beleidigen oder den Ruf als Besserwisser zu erhalten. Frau Hedrich war dafür bekannt, dass sie keine andere Meinung duldete und schnell beleidigt war. Einige Besucher tuschelten und schauten auf mich. Ich war also gefordert.

Meine Antwort war: "Frau Hedrich hat eine sehr interessante Feststellung gemacht. In Paris fand 1954 die 10. Generalkonferenz für Maß und Gewicht statt. Dort wurde unter anderem als Basiseinheit für die Masse das Kilogramm (kg) festgesetzt.
Masse und Gewicht sind zwei verschiedene physikalische Größen, die sich auch durch zwei verschiedene Einheiten unterscheiden.
1. Das **Kilogramm (kg)** ist die Maßeinheit für die **Masse.**
2. Das **Kilopond (kp)** ist die Maßeinheit für das **Gewicht** und die **Kraft.**

Wenn wir den Fernseher oder auch einen Koffer tragen, dann spüren wir, dass er durch die Anziehungskraft der Erde schwer ist. Wir brauchen also eine Kraft, um das Gewicht des Fernsehers anzuheben. Das Gewicht wirkt wie eine Kraft und deshalb sagt man auch:

"Gewichte sind Kräfte."

Das Wort Pond kommt aus dem lateinischen: "pondus - Gewicht" und gilt als Maßeinheit für die Kraft und das Gewicht.

Ein Pond ist die Kraft, mit der eine Masse von einem Gramm von der Erde angezogen wird.

Einige Maßeinheiten für Gewicht und Kraft:

1.) Megapond (Mp)   1 Mp = 1.000 kp
2.) Kilopond (kp)   1 kp = 1.000 p
3.) Pond (p)   1 p = 1.000 mp
4.) Millipond (mp)   1 mp = 0,001 p

Dazu gehören noch besonders die Maßeinheiten Dyn und Newton.

Siehe auch die Maßeinheiten für die Masse im Band I.

Ich war überzeugt, dass Frau Hedrich nicht alles verstanden hat. Sie war aber zufrieden. Meine Nachbarn blieben noch bis in die späten Abendstunden und versprachen, wieder zu kommen. Am nächsten Tag wollten die Kinder meiner Nachbarn den Kinderfunk bei mir sehen. Nur 14 Tage Urlaub konnten mich noch retten. Meine Frau teilte mir mit, dass mein Nachbar sich auch einen Fernseher gekauft hat.

Ich war froh.

XII. Der Lottogewinn
Brutto, Netto, Tara.

Immer wenn ich an meinem Auto die Scheiben putzte, bewegte sich an einem Fenster des Nachbarhauses die Gardine. Es dauerte nicht lange und das Fenster im Flur zwei Treppen höher war besetzt. Von dort aus konnte man noch besser sehen ohne gesehen zu werden. Die Baumkronen vor dem Haus waren eine gute Tarnung. Frau Meyer, schaute wie immer aus der dritten Etage kritisch zu. Ein wenig Neid war auch dabei. Als der Rentner Schindler die Treppe herunter kam, wurde er ausführlich informiert. "Die müssen doch ein Schweinegeld haben. So ein Auto kostet doch eine Vermögen", legte Frau Meyer los. Herr Schindler wollte den Neid von dieser Frau noch steigern und meinte: "Wissen sie nicht, dass die Stegers auch noch einen Hauptgewinn im Lotto gemacht haben. Das soll aber keiner wissen." Anschließend kam er zu mir und schaute wie immer zu. "Du bist mir doch nicht böse? Ich habe Frau Meyer belogen und gesagt, du hättest auch noch im Lotto gewonnen." Wir lachten beide, denn mein höchster Gewinn war bisher ein Dreier. Damit war die Angelegenheit für mich erledigt.

Am nächsten Tag ging ich wie immer ins Büro und begann meine Arbeit. Alle waren erstaunt, als unsere Reinigungsfrau mit einem Blumenstrauß hereinkam und mir zum Lottogewinn gratulierte. Alle beglückwünschten mich und keiner hörte auf meine Proteste. Mein Abteilungsleiter meinte: "Du wirst doch sicher für jeden einen Präsentkorb mit einem Schein spendieren. Deine Gehaltserhöhung habe ich zurückstellen lassen. Das wird dir sicherlich jetzt nicht weh tun." Um alle zu beruhigen, spendierte ich eine Runde Kaffee. Keiner glaubte mir und ich war jetzt ein Geizkragen. Erst die Mitteilung, dass keiner in unserer Stadt den Hauptgewinn im Lotte gewonnen hat, beruhigte die Gemüter. Einige sind bis heut noch nicht davon überzeugt.

Bei meiner Frau war es noch schlimmer. Sie wurde bereits beim Pförtner mit Blumen empfangen und zum Frühstück war der Tisch für die ganze Abteilung gedeckt. Sie rief mich an und wir einigten uns, alles zu bezahlen.

Frau Meyer erfuhr alles und sie glaubt immer noch an den großen Lottogewinn.

Es ist doch erstaunlich, wie schnell sich ein Gerücht verbreiten kann. Auch manche Lügen werden gern geglaubt. Ich wurde von Unbekannten freundlich gegrüßt und bekam viele Gäste mit ihren Wunschlisten. Auch Schulkinder kamen mit ihren Sammellisten. "Wenn einer viel Geld bekommt, und das auch noch Netto, dann muss er damit rechnen", meinte unser Buchhalter. Er glaubte immer noch an den Gewinn. Mit der Zeit wurde es ruhiger und wir kamen wieder zur Wahrheit. Ich fand aber noch eine Aufgabe.

    1.)   Wir sind 15 Personen. Jeder erhält 100 Euro.
               Das sind vom Gewinn 2 %

              Wie hoch ist der Gewinn gesamt?

Der Rentner Schindler kam zu mir mit einer Flasche selbstgemachten Rotwein und wir versöhnten uns wieder. Wir haben aber beide viel gelernt.

Erholung war jetzt angesagt. Wir machten Urlaub und wollten nicht mehr an den sogenannten "Gewinn" denken. Wir wechselten das Thema und mein Junge wollte wissen, was Bruttoregistertonnen sind. Damit tauchten die Begriffe **Brutto, Netto und Tara** wieder auf. Im Alltag kommen sie oft vor und sind uns auch bekannt.

Brutto: Wir kennen diesen Begriff in Zusammensetzung mit Einkommen, wie Bruttoeinkommen; oder Lohn, wie Bruttolohn; Gewicht, wie Bruttogewicht; usw. Das Bruttogewicht einer Ware setzt sich aus dem Gewicht der Ware und dem Gewicht der Verpackung zusammen.

Als **Bruttoregistertonnen (BRT)** gibt man den Rauminhalt bei Schiffen an.

Mit der Einheit Bruttoregistertonne (BRT) wird also der gesamte Schiffsraum angegeben. Woher kommt aber die Bezeichnung Tonne? Als Raummaß für die Vermessung von Schiffen benutzte man damals als Größenordnung den Inhalt einer normalen großen Tonne. Schiffe wurden nach der Anzahl verstaubarer Tonnen gemessen. Eine Registertonne (RT) war eben ein Maß, was dem Inhalt 100 engl. Kubikfuß entspricht. Das sind 2,83 m³.

1 RT = 100 engl. Kubikfuß (entspricht) 2,83 m³

Nettoregistertonnen (NRT) beziehen sich nur auf die Räume für Fahrgäste und die Ladung.

Jetzt kann unser Urlaub beginnen, aber das Fragen hat erst begonnen.

Lösungsvorschlag

1.) Wie hoch ist der Gewinn gesamt?

Von 15 Personen bekam jeder 100 Euro. Damit erhielten die 15 Personen insgesamt 1.500 Euro. Das entspricht 2 % des Gewinnes.

Für die Lösung gibt es mehrere Möglichkeiten. Wir wählen die Dreisatzrechnung.

1.500 Euro entsprechen 2 %
x   entpricht   100 %

Über kreuz multiplizieren und nach x auflösen.

1.500 Euro mal 100 % = x mal 2 %
x = 75.000 Euro

Der Gewinn beträgt insgesamt **75.000 Euro**

ahoi

XIII. Heini, der Tolpatsch
Sinus, Kosinus, Tangens u. Kotangens

Heini war ein guter Schüler, aber faul. Ich war anderer Meinung. Ständig knobelte und überlegte er, wie man ihm übertragene Aufgaben leichter und besser lösen kann. Er legte nicht gleich los, sondern fing immer später an. Deshalb nannten ihn einige Drückeberger. Das war ungerecht, denn er war meistens eher fertig als die Anderen. Seine Aufzeichnungen waren voller Änderungen und Randbemerkungen und nur er fand sich darin zurecht. Seine Vorträge waren große Klasse und er bekam hier die besten Noten.

Heini wollte Bauarchitekt werden und vor dem Studium eine Prüfung als Dachdecker ablegen. Beim Dachdeckermeister Klemens bekam er eine Lehrstelle. Die Dachdecker musterten ihn kritisch. Starke Hände und Muskeln waren bei ihnen gefragt. Einige beachteten ihn nicht einmal. So ein Lehrling lenkt doch nur von der Arbeit ab. Heini wurde dem Dachdecker Sobek zugeteilt, aber von allen erhielt er Aufträge. Seine Arbeit begann mit Transportarbeiten. Mit einer Karre holte er aus dem Lager die Dachpappe und ärgerte sich über die kleine Stufe am Eingang. Das war ein Hindernis und die erste Karre mit den schweren Rollen kippte um. Von da ab bezeichneten sie ihn als Tolpatsch. Ein kleiner runder Balken schuf Abhilfe. Bemerkt hatte diese Erleichterung scheinbar keiner, aber es wurde getuschelt. Er hatte noch viele Vorschläge und keiner wollte sie anwenden. Es war für die Beschäftigten in diesem Kleinbetrieb bequemer, alles so lassen wie es ist. Die Arbeit war schwer genug. Jeder hatte seine eigenen Erfahrungen und daran sollte niemand rütteln. Von so einem Stift, wie Lehrlinge oft bezeichnet wurden, lässt sich doch ein erfahrener Dachdecker nichts sagen. Heini hatte es besonders am Anfang schwer. Es wurde nicht gern gesehen, dass er in den Pausen etwas aufschrieb und Aufzeichnungen machte. Nur sein Betreuer Sobek schmunzelte, denn er kannte den Inhalt. Es waren Verbesserungsvorschläge und Berechnungen.

In der alten Badeanstalt musste das Dach von den Umkleidekabinen erneuert werden. Sie reichten bis ans Badebecken und waren bei den Badegästen sehr beliebt, denn man konnte von der Umkleidekabine direkt ins Wasser springen. Das war was.

Heini war jung, intelligent und sah gut aus. Die Schreibkraft Sabine hatte das auch bemerkt und die beiden tuschelten gern miteinander. Der Schlaufuchs Heini erfuhr hier alles über die Firma, so auch über die Länge einer Rolle Dachpappe, wie sie in der Badeanstalt verwendet wurde. Er war zufrieden. Zehn Meter Dachpappe auf einer Rolle. Das ist genau das richtige Maß seiner Berechnungen. Die Dachpappe kann ausgerollt werden, ohne sie zu schneiden und reicht bis zum Rand. Mit der Karre holte Heini die richtigen Rollen aus dem Lager.

Der Transport der Rollen auf das Dach dauerte länger als das Ausrollen. "Ihr könnt schon den Kleber warm machen, denn wir sind hier gleich fertig", rief Heini nach unten. Es kam aber anders. Die letzte Rolle war 2 m länger. Nichtsahnend rollte er sie über den Rand hinaus und fiel rückwärts mit einem Salto vom Dach in das Badebecken. Die anderen mussten das geahnt haben, denn sie warteten schon auf das große Ereignis. Es fehlte nicht an Bemerkungen und Gelächter. "Mit den Schuhen baden ist nicht gestattet." "Baden kann man hier nur mit einer Eintrittskarte." "Du hättest wenigstens deine Hose ausziehen sollen, dann hätten alle was zu lachen gehabt." Sobek meinte: "Das passiert immer bei Neulingen. Aufpassen muss man bei uns immer. Das muss dir eine Lehre sein. Jetzt gehörst du aber richtig zu uns."

Der Sturz in das Badebecken wurde ausgiebig belacht und ausgewertet. Der Chef durfte aber davon nichts wissen. Sabine war auch nicht damit einverstanden und verurteilte energisch diesen bösen Scherz. Heini schaute sie dankbar an und vergaß in der Aufregung seine Aufzeichnungen.

Neugierde ist doch eine starke Triebkraft. Jeder wollte mal reinschauen, aber seine Schrift konnte man kaum entziffern. Auf der Rückseite waren Formeln, Hinweise und Erklärungen. Sabine nahm den Dachdeckern die Aufzeichnungen weg und legte sie in ihre Schublade. "Habt ihr immer noch nicht genug? Jetzt muss aber Schluss sein."

Als die Dachdecker das Büro verließen, schaute sie aber selber rein. Auf der ersten Seite stand:

Wichtig: Sinus, Kosinus, Tangens u. Kotangens

Sinus

Wiederholung. In der Schule haben wir gelern:

Sinus ist das Verhältnis von Gegenkathete zur Hypotenuse.

Kathete 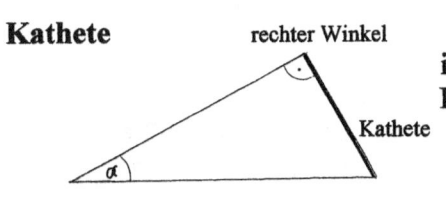 ist eine dem rechten Winkel eines Dreiecks anliegende Seite.

Hypotenuse 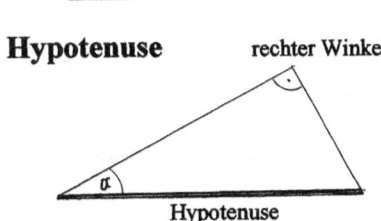 ist die dem rechten Winkel eines Dreiecks gegenüberliegende Seite.

Damit können wir schon erklären, was wir unter Sinus verstehen.

Beispiel:
Wir sind auf der Wanderschaft und der Weg geht gleichmäßig nach oben. Bei 50 m Wanderweg haben wir eine Steigung von h = 3 m erreicht. Bei 100 m sind es 6 m und bei 150 m Weg 9 m.

Wir stellen fest, dass sich das Verhältnis von der Steigung h zum Wanderweg s hier nicht verändert hat.

$$\frac{h_1}{s_1} = \frac{h_2}{s_2} = \frac{h_3}{s_3}$$

$$\frac{3\,m}{50\,m} = \frac{6\,m}{100\,m} = \frac{9\,m}{150\,m}$$

$$0{,}06 = 0{,}06 = 0{,}06$$

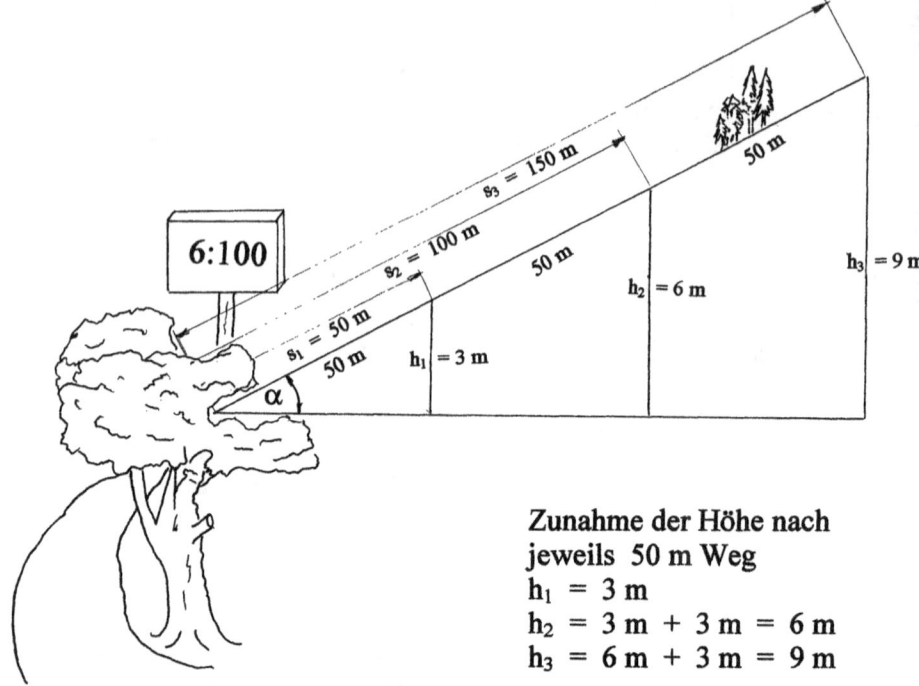

Zunahme der Höhe nach jeweils 50 m Weg
$h_1 = 3$ m
$h_2 = 3$ m $+$ 3 m $=$ 6 m
$h_3 = 6$ m $+$ 3 m $=$ 9 m

Bei unserem Beispiel haben wir bei 100 m Weg (s_2) eine Höhe von 6 m (h_2) erreicht.

Das Verhältnis der Höhe $h_2 = 6$ m zum Weg $s_2 = 100$ m ist ein Maß für die Steigung oder auch Steilheit des Weges und eine Funktion des Winkels α.

Diese Funktion wird als Sinus des Winkels α (sin α) bezeichnet.

$$h_2 : s_2 = \sin \alpha$$
$$6 \text{ m} : 100 \text{ m} = 0{,}06$$

Die Maße h_2 und s_2 wurden hier nur gewählt, um die Aufgabe zu erleichtern und übersichtlich zu gestalten. Wir können alle Meßpunkte bei diesem Beispiel nehmen. Der Sinus verändert sich nicht. Er bleibt hier bei

$$\sin \alpha = 0{,}06.$$

$$h_1 : s_1 = \sin \alpha \qquad h_3 : s_3 = \sin \alpha$$
$$3 \text{ m} : 50 \text{ m} = 0{,}06 \qquad 9 \text{ m} : 150 \text{ m} = 0{,}06$$

Es ist eine bekannte Weisheit, daß wir hier zwei Werte brauchen, um den dritten zu errechnen.

$\sin \alpha = h : s$
$h = \sin \alpha \cdot s$
$s = h : \sin \alpha$

Kosinus

Merksatz aus der Schule:

Kosinus ist das Verhältnis von Ankathete zur Hypotenuse.

Natürlich ist dieser Merksatz nicht vollständig, aber er kann viel helfen.

Ankathete

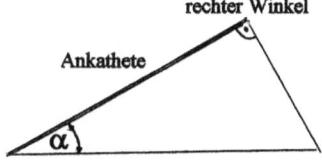

ist eine dem rechten Winkel und dem Winkel α anliegende Seite eines Dreiecks.

Hypotenuse

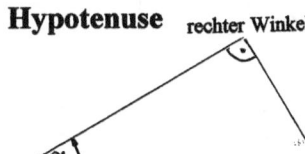

siehe auch Seite 67

Das Verhältnis von Ankathete zur Hypotenuse ist eine Funktion des Winkels alpha und wird als Kosinus des Winkels alpha bezeichnet.

$\cos \alpha = $ Ankathete : Hypotenuse

Tangens und Kotangens

Tangens ist das Verhältnis von Gegenkathete zu Ankathete.

$$\tan \alpha = \frac{\text{Gegenkathete}}{\text{Ankathete}}$$

Kotangens ist das Verhältnis von Ankathete zu Gegenkathete.

$$\cot \alpha = \frac{\text{Ankathete}}{\text{Gegenkathete}}$$

Zusammenfassung der Beispiele zum Üben.

Bei den gegebenen rechtwinkligen Dreiecken in unseren Beispielen haben alle den Winkel alpha (sie sind also ähnlich) und die Seitenverhältnisse sind jeweils in allen Dreiecken gleich. Hier handelt es sich um **trigonometrische Funktionen.**

Aufgabe: Trage die Seitenverhältnisse nach der Abbildung ein.

$\sin \alpha =$ $\cos \alpha =$

$\tan \alpha =$ $\cot \alpha =$

Aufgabe 2: Ermittle nach der vorhergehenden Abbildung

$\sin \alpha =$ $\qquad$ $\cos \alpha =$

$\tan \alpha =$ $\qquad$ $\cot \alpha =$

an Hand der Seiten $a = 8\,m$
$b = 6\,m$
$c = 10\,m$

Wie könnte die Lösung folgender Aufgabe aussehen?
Für das Anbringen einer Warnlampe soll die Höhe eines Schornsteins ermittelt werden.
Folgende Angaben sind vorhanden: $b = 48\,m$
$b_1 = 4\,m$
und $h_1 = 2\,m$

Wie hoch ist der Schornstein (h)?

Lösungsvorschlag:
1. -Anfertigen einer Skizze.

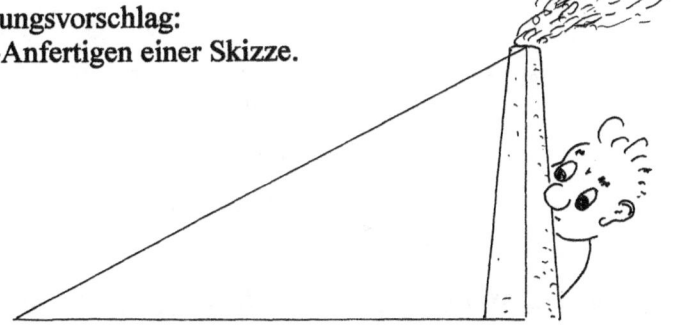

2. Eintragen der vorhandenen und benötigten Maße.

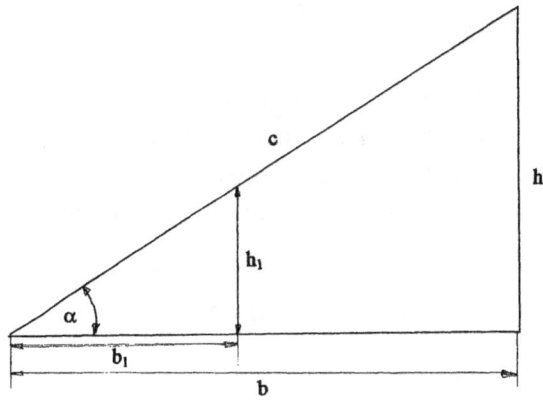

3. Aufstellen der für die Lösung der Aufgabe benötigten Gleichung. Benötigt wird hier $\tan \alpha$.

$$\tan \alpha = \frac{\text{Gegenkathete}}{\text{Ankathete}} = \frac{h_1}{b_1}$$

4. Umstellen der Gleichung nach der gesuchten Größe h.

$$\tan \alpha = \frac{h}{b} \qquad \cdot b$$

$$\mathbf{h = b \cdot \tan \alpha}$$

5. Für die Lösung der Aufgabe benötigte Zahlen und Maße in die Gleichung eintragen. Aufgabe lösen.

$$\tan \alpha = \frac{h_1}{b_1} = \frac{2\,m}{4\,m}$$

$$\mathbf{\tan \alpha = 0{,}5}$$
$$h = b \cdot \tan \alpha = 48\,m \cdot 0{,}5$$
$$\mathbf{h = 24\,m}$$

6. Ergebnis: **Die Höhe des Schornsteines beträgt 24 Meter.**

Zusammenfassung:
Es gibt für die Berechnung rechtwinkliger Dreiecke 6 Winkelfunktionen.

1. Sinus	$\sin \alpha$ = Gegenkathete : Hypotenuse	= a : c
2. Kosinus	$\cos \alpha$ = Ankathete : Hypotenuse	= b : c
3. Tangens	$\tan \alpha$ = Gegenkathete : Ankathete	= a : b
4. Kotangens	$\cot \alpha$ = Ankathete : Gegenkathete	= b : a
sowie 5. Sekans	$\sec \alpha$ = Hypotenuse : Ankathete	= c : b
und 6. Kosekans	$\operatorname{cosec} \alpha$ = Hypotenuse : Gegenkathete.	= c : a

Sekans und Kosekans werden jedoch nur selten verwendet.

Zwischen den trigonometrischen Funktionen eines rechtwinkligen Dreiecks gibt es einen Zusammenhang, den man rechnerisch leicht beweisen und für die Lösung von Aufgaben auch nutzen kann. Hierzu einige Beispiele.

A) $\sin^2\alpha + \cos^2\alpha = 1$ B) $\tan\alpha = \sin\alpha : \cos\alpha = 1 : \cot\alpha$

C) $\tan\alpha \cdot \cot\alpha = 1$ D) $\cot\alpha = \cos\alpha : \sin\alpha = 1 : \tan\alpha$

Beweis für die Aufgabe A): Wir rechnen mit den Werten $\quad a = 8\,m$
$\qquad\qquad\qquad\qquad\qquad\qquad\qquad\qquad\qquad\qquad\qquad b = 6\,m$
$$\sin^2\alpha + \cos^2\alpha = 1 \qquad c = 10\,m$$

$\sin\alpha = a : c = 8\,m : 10\,m = 0{,}8 \qquad \sin^2\alpha = 0{,}8 \cdot 0{,}8 = 0{,}64$
$\cos\alpha = b : c = 6\,m : 10\,m = 0{,}6 \qquad \cos^2\alpha = 0{,}6 \cdot 0{,}6 = 0{,}36$
$$\sin^2\alpha + \cos^2\alpha = 0{,}64 + 0{,}36 = 1$$

Beweis für die Aufgabe B):
$\qquad$ Wir rechnen mit den Werten von A. $\qquad\qquad \tan\alpha = 1{,}333$
$\qquad\qquad\qquad\qquad\qquad\qquad\qquad\qquad\qquad\qquad \sin\alpha = 0{,}8$
$\qquad\quad \tan\alpha = \sin\alpha : \cos\alpha = 1 : \cot\alpha \qquad \cos\alpha = 0{,}6$
$\qquad\qquad\qquad\qquad\qquad\qquad\qquad\qquad\qquad\qquad \cot\alpha = 0{,}75$

$\quad 1{,}333 = \quad 0{,}8 : \quad 0{,}6 \quad = 1 : \quad 0{,}75$
$\quad 1{,}333 = \qquad\quad 1{,}333 \qquad = \quad 1{,}333$

Was zu beweisen war.

Was Sinus, Kosinus, Tangens und Kotangens ist, haben wir in der Schule schnell begriffen und die Aufgaben waren nicht besonders schwer. Viele neue Probleme kamen auf uns zu. Die Aufgaben wurden auch komplizierter. Die Zeit verging und vieles hat man wieder vergessen. Schlimm. Unser Deutschlehrer war der Meinung, dass die Vergeßlichkeit ein positiver Faktor beim Menschen ist. Das sollte er lieber unserem Mathelehrer erzählen. Es stimmte aber. Bei jeder Prüfung tauchte immer die Frage auf:
"Wie war das wieder?"
Die Aufregung kommt noch dazu. Man ist zwar gut vorbereitet, aber man weiß nicht immer, was dran kommt. Diesmal waren bei den Prüfungsaufgaben Trigonometrische Funktionen dabei. Warum kann man sich an schöne Erlebnisse immer wieder gern erinnern und warum nicht auch an die Lösungswege bei den Winkelfunktionen. Wertvolle Zeit geht verloren und die Aufgaben, wo Sinus und Kosinus vorkommen, sind noch zu lösen.
Wir erinnern uns. Bei Sinus und Kosinus hatten wir es immer mit einer Kathete und der Hypotenuse und bei Tangens und Kotangens mit den beiden Katheten zu tun. Das reicht aber noch nicht. Der größte Fehler bestand darin, dass beim Teilen die Seiten verwechselt wurden. Falsches Ergebnis bei einer leichten Aufgabe. Das muss nicht sein.

Es kam zu einer Auswertung der Prüfungsaufgaben. Komplizierte Aufgaben wurden gut gelöst. Bei den leichten Aufgaben traten die meisten Fehler auf. Warum? Ein Student, der an unserer Schule sein Praktikum machte, gab mir einen Tip. "Wenn du dir etwas merken willst, dann musst du es mit einem Erlebnis verbinden. In unserem Fall, musst du alles vom Standpunkt des Winkels α aus betrachten. Leicht zu merken ist, dass die Gegenkathete auf der anderen Seite des Standpunktes deines Dreiecks ist, also dir gegenüber ist und daher mit 'Sie' (**Sinus**) angesprochen werden will. Daraus leitest du Sinus ab.
$$\text{Sinus} = \text{Gegenkathete zu Hypotenuse}$$

Kosinus kann man mit 'kosen' verbinden und wenn man kosen will, muss man sich anlehnen (**Ankathete**).
$$\text{Kosinus} = \text{Ankathete zu Hypotenuse}$$

Kotangens habe ich ebenfalls von kosen (**Kotangens**) abgeleitet.
$$\text{Kotangens} = \text{Ankathete zu Gegenkathete}$$

Unser Professor an der Hochschule war mit diesen Erklärungen nicht ganz zufrieden. Sie waren ihm nicht wissenschaftlich genug. Mir hat sie aber geholfen, die Lösungswege schnell zu finden. Ich habe sie auch nie vergessen."

Lösungsvorschläge

Aufgabe 1: Seitenverhältnisse nach der Abbildung

$\sin \alpha = a : c \qquad \cos \alpha = b : c$

$\tan \alpha = a : b \qquad \cot \alpha = b : a$

Aufgabe 2: Seitenverhältnisse an Hand der vorgegebenen Seiten.

$a = 8\,m$
$b = 6\,m$
$c = 10\,m$

$\sin \alpha = a : c = 8\,m : 10\,m = \mathbf{0{,}8}$

$\cos \alpha = b : c = 6\,m : 10\,m = \mathbf{0{,}6}$

$\tan \alpha = a : b = 8\,m : 6\,m = \mathbf{1{,}333...}$

$\cot \alpha = b : a = 6\,m : 8\,m = \mathbf{0{,}75}$

bestanden

XIV. Quadrate und ihre Zahlen
Binomische Gleichungen

Wenn mehrere Menschen zusammen kommen, dann gibt es immer was zu erzählen und zu lachen. Witzbolde waren bei uns fast immer dabei. Ich wurde nach dem Abschluß der U-Boot Schule zu einem Schweißerlehrgang kommandiert. Täglich sieben Stunden schweißen und eine Stunde theoretischen Unterricht. Das war für mich schon sehr interessant. Geübt wurde das Schweißen einer Eisenplatte an einen Schiffskörper. Dazu gehörten zwei Nähte senkrecht, eine Naht überkopf und eine Naht waagerecht. Die Flicken, wie wir die Eisenplatten nannten, wurden gemessen, beschriftet, in Streifen geschnitten und wieder zusammen geschweißt. Anschließend wurden sie geprüft und benotet. Jeder Flicken bekam eine Nummer, seine Quadratzahl und die Stärke eingehämmert. An Hand der Quadratzahl wurde auch die Länge der Schweißnähte festgestellt.

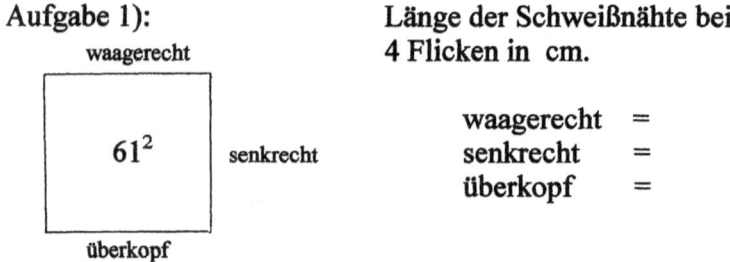

Aufgabe 1):

Länge der Schweißnähte bei 4 Flicken in cm.

waagerecht =
senkrecht =
überkopf =

Bei dieser intensiven und zum Teil schweren Arbeit war für den militärischen Drill wenig Zeit. Wir vermissten ihn auch nicht. Umso mehr freuten wir uns auf den Landgang in der schmucken Marinebekleidung. Nur einen Haken hatte sie. Es war Winter und der Hals war immer frei. Ein weißer Schal müsste her. Einige Marineoffiziere hatten einen, auch Maschinenmaat Langos. Es war aber gegen die Vorschrift.

Fregattenkapitän Wilhelm Pohl war nicht mehr der Jüngste und unser Leiter. Er war noch ein Vertreter der alten Schule und duldete bei den Dienstvorschriften keine Abweichungen. Wir konnten aber mit ihm diskutieren, auch über das Tragen eines weißen Schals im Winter. Vom Schweißen hatte er aber keine Ahnung.

Dafür erzählte er uns interessante Seemannsgeschichten und kontrollierte persönlich die Versorgung. Einen besseren Vorgesetzten konnten wir uns nicht wünschen. Bei der Kontrolle unserer Unterwäsche gab es einen Krach, wie wir ihn hier noch nie erlebt hatten. Der Verantwortliche der Kleiderkammer wurde geholt und sollte erklären, warum vergraute Unterhosen ausgegeben wurden. Ihm wurde sogar mit Kriegsgericht gedroht. Am gleichen Tag erhielten wir Neue. Sie waren schneeweiß. Am Abend waren wir wieder in der alten Kneipe "Zum Hafen" und suchten Kontakte zu weiblichen Gästen. Erst jetzt merkten wir, dass unser Spaßmacher Hans-Dieter nicht bei uns war. Es fehlte was. Er kam aber nach. Wir erkannten Ihn nicht gleich und das übliche Hallo kam etwas später. Er hatte einen schneeweißen Schal aus Wolle und sah gut aus. Am Eingang wurde er sogar von mehreren Matrosen stramm gegrüßt. Lässig dankte er. Hans-Dieter war stolz wie ein Hahn und fühlte sich wie der Hauptmann von Köpenik. Woher hatte er diesen wunderschönen Schal? Das war hier für uns die Frage.

Wenn zwei dasselbe tun, dann ist es nicht dasselbe. Maschinenmaat Langos kam mit einem weißen Schal in die Gaststätte und die beiden schauten sich wie Kampfhähne an. "Machen sie sofort diesen unvorschriftsmäßigen Schal ab", forderte er Hans-Dieter auf. Er wollte es tun, aber es war nicht so einfach. "Kann ich das auf der Toilette machen", bat er. "Nein. Hier und sofort", befahl Langos und machte ein ernstes Gesicht. Das passte nicht zu ihm. Immer wenn er ein ernstes Gesicht machte, mussten wir lachen. Mit seinen großen Ohren und den zusammengekniffenden Lippen sah er aus wie der Dackel, der sich bei uns im Gelände herumtrieb und mit allen anfreundete. Uns brachte das viel Ärger ein. In der Gaststätte wurde es ruhig und alle verfolgten das Ereignis. Wir nannten es: "Die Entfernung des Schals von Hans-Dieter." Hans-Dieter zog umständlich seine Jacke aus und Willi brüllte laut: "Das ist ja eine Unterhose." Alle im Raum lachten. Auch Maschinenmaat Langos konnte sein Dackelgesicht nicht halten. Das Geheimnis des Schals von Hans-Dieter war gelüftet. Das Oberteil der Unterhose hing ihm wie ein Quadrat auf dem Rücken und die

Hosenbeine lagen über Kreuz vorn und verdeckten den Hals. Hans-Dieter rollte seine Unterhose zusammen und kam schnell an unseren Tisch. Erst hier fand er seine Ruhe wieder. Für die weitere Gestaltung der Unterhose gab es die dollsten Ideen und Vorschläge. Willi meinte: "Wir sollten das Oberteil der Unterhose ausmessen und mit einer Quadratzahl beschriften. Dann könnten wir sie sogar als Flicken verwenden."

Am nächsten Tag hatten wir alle einen weißen Schal, aber keine Unterhose. Das hat sich schnell herumgesprochen und es gab Ärger. Bekleidung der Marine durfte nicht zweckentfremdet werden. Wir hatten unseren Spaß und der Alltag holte uns schnell wieder ein.

Beschäftigen wir uns mit den Quadraten.

Das Quadrat:

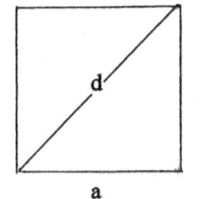

Die Seiten eines Quadrates sind gleich groß.

Umfang $u = 4a$
Fläche $A = a \cdot a = a^2$
Diagonale $d = a\sqrt{2}$

Quadratzahlen und Binomische Gleichungen:

Es geht hier um die Schulung des Denkens und daher sollte man auf den Taschenrechner verzichten. Wir wollen trotzdem einen einfachen Weg für die Lösung komplizierter Aufgaben finden.

Eine Quadratzahl von 2 bis 19 auszurechnen ist relativ einfach und durch Kopfrechnen leicht lösbar.

$2^2 = 2 \cdot 2 = 4$
$15^2 = 15 \cdot 15 = 150 + 50 + 5 \cdot 5 = 225$
$19^2 = 19 \cdot 19 = 190 + 90 + 9 \cdot 9 = 361$

Bei höheren Zahlen funktioniert das aber nicht mehr.

Binomische Gleichungen können hier helfen, aber wie. Erinnern wir uns.

$$(a + b)^2 = (a + b)(a + b) = a^2 + 2ab + b^2$$

$$(a - b)^2 = (a - b)(a - b) = a^2 - 2ab + b^2$$

Wollen wir eine Quadratzahl mit Hilfe von Binomischen Gleichungen lösen, dann müssen wir sie so zerlegen, dass sie einfach ist.

Beispiel mit der 15:   Wir zerlegen die Zahl 15 in 10 + 5
dann ist $15^2 = (10 + 5)^2$
Jetzt können wir die 15^2 mit einer Binomischen Gleichung leicht lösen.

$$(a + b)^2 = a^2 + 2ab + b^2 \quad \text{in unserem Beispiel ist}$$
$$a = 10 \quad a^2 = 100$$
$$b = 5 \quad b^2 = 25$$

$$15^2 = (10 + 5)^2 = \overset{a}{10} \cdot \overset{b}{10} + 2 \cdot \overset{a}{10} \cdot \overset{b}{5} + \overset{b^2}{5 \cdot 5}$$
$$= 100 + 100 + 25$$
$$15^2 = 225$$

Beispiel mit der 18:
$$(a - b)^2 = a^2 - 2ab + b^2$$

$$18^2 = (20 - 2)^2 = 20 \cdot 20 - 2 \cdot 20 \cdot 2 + 2 \cdot 2$$
$$= 400 - 80 + 4$$
$$18^2 = 324$$

Beispiel mit der 61:
$$(a + b)^2 = a^2 + 2ab + b^2$$

$$61^2 = (60 + 1)^2 = 60 \cdot 60 + 2 \cdot 60 \cdot 1 + 1 \cdot 1$$
$$= 3600 + 120 + 1$$
$$61^2 = 3721$$

Aufgabe 2: Löse nach den vorangegangenen Beispielen folgende Quadratzahlen: 25^2, 28^2, 38^2, und 112^2.

Lösungsvorschläge

Aufgabe 1): Länge der Schweißnähte bei 4 Flicken.
Die Flicken sind quadratisch und haben eine Seitenlänge von jeweils a = 61 cm.
Länge der Schweißnähte:

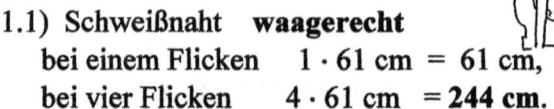

1.1) Schweißnaht **waagerecht**
  bei einem Flicken   1 · 61 cm = 61 cm,
  bei vier Flicken   4 · 61 cm = **244 cm**.

1.2) Schweißnaht **senkrecht**
  bei einem Flicken   2 · 61 cm = 122 cm,
  bei vier Flicken   4 · 122 cm = **488 cm**.

1.3) Schweißnaht **überkopf**
  bei einem Flicken   1 · 61 cm = 61 cm,
  bei vier Flicken   4 · 61 cm = **244 cm**

Aufgabe 2):   Quadratzahlen
$$(a+b)^2 = a^2 + 2ab + b^2$$
$$(a-b)^2 = a^2 - 2ab + b^2$$

$$\begin{array}{llll} & a\ \ b & a^2\quad 2\ a\ b\quad b^2 \end{array}$$

2.1) 25^2 = (20 + 5)² = 20·20 + 2·20·5 + 5·5
                        =   400 +   200   + 25
  25^2 = **625**

2.2) 28^2 = (20 + 8)² = 20·20 + 2·20·8 + 8·8
                        =   400 +   320   + 64
  28^2 = **784**

2.3) 38^2 = (40 − 2)² = 40·40 − 2·40·2 + 2·2
                        = 1600 −   160   + 4
  38^2 = **1444**

2.4) 112^2 = (110 + 2)² = 110·110 + 2·110·2 + 2·2
                         = 11·11·100 + 440 + 4
                         =   12100   + 440 + 4
  112^2 = **12544**

Zur Information.

Vom Typ der Binomischen Gleichungen gibt es noch weitere wichtige Gleichungen. Dazu einige Beispiele.

$$(a + b + c)^2 = (a + b + c)(a + b + c)$$
$$= a^2 + b^2 + c^2 + 2ab + 2ac + 2bc$$

$$(a - 2b + 3c)^2 = (a - 2b + 3c)(a - 2b + 3c)$$
$$= a^2 - 2ab + 3ac - 2ab + 4b^2 - 6bc + 3ac - 6bc + 9c^2$$
$$= a^2 + 4b^2 + 9c^2 - 4ab + 6ac - 12bc$$

$$(a + b + c + d)^2 = (a + b + c + d)(a + b + c + d)$$
$$= a^2 + 2ab + ac + ad + ab + b^2 + bc + bd + ac + bc + c^2 + cd + ad + bd + cd + d^2$$
$$= a^2 + b^2 + c^2 + d^2 + 2ab + 2ac + 2ad + 2bc + 2bd + 2cd$$

Diese Gleichungen lassen sich auch in einem Quadrat geometrisch veranschaulichen.

$$(a + b + c + d)^2$$

a	b	c	d
a^2	ab	ac	ad
ab	b^2	bc	bd
ac	bc	c^2	cd
ad	bd	cd	d^2

XV. Die neue Schule

Der Weg zur neuen Schule war viel weiter, und wir merkten erst jetzt, wie sehr wir an der alten Schule mit ihren Lehrern und dem Hausmeister gehangen haben. Der Abschied von der vertrauten Umgebung war nicht leicht und wir nahmen nur die Erinnerung mit.

Die neue Schule war für uns noch fremd und kalt. Das Klassenzimmer war viel größer und die besten Sitzplätze hinten waren schon alle besetzt. Das habe ich vorher nicht beachtet. Mein Banknachbar hatte in der Mitte der Klasse einen Sitzplatz für mich freigehalten. Wir saßen wenigstens wieder nebeneinander, aber wie in der alten Schule, auf dem Präsentierteller. Nach unseren Erfahrungen, schauen die Lehrer fast immer in die Mitte der Klasse, also auf uns. Neu war, dass wir nicht mehr auf Bänken, sondern auf Stühlen saßen. Das war für uns bequemer.

Nachdem wir unsere Plätze untersucht und begutachtet hatten, befassten wir uns mit der Umgebung und den anderen Schülern. Die meisten waren uns bekannt. Vor mir saß wohl der größte und stärkste Schüler unserer Klasse. Er hieß Josef Spora und wir nannten ihn Jussel. Das reimte sich so schön auf Schussel oder Dussel. Er war gutmütig, langsam und hilfsbereit. Von den meisten Schülern unserer Klasse ließ er sich alles gefallen. Das Besondere bei ihm waren seine großen Ohren. Er litt sehr darunter, denn jeder machte sich darüber lustig. Solche Ohren habe ich noch nie gesehen. "Wenn Jussel nein sagt, dann musst du das Papier auf dem Tisch festhalten", meinte mein Banknachbar.

Bei Sonnenschein strahlten sie nach hinten wie zwei rote Lämpchen und lenkten mich am Anfang vom Unterricht ab. Wir einigten uns in der Klasse, dass auf seine Ohren nicht mehr mit Papierkugeln geschossen wird. Es kamen aber von hinten immer wieder welche geflogen.

In der Zwischenzeit kam es über die Verteilung der Sitzplätze zu handfesten Auseinandersetzungen und der Lärm wurde immer größer.

Die Tür ging auf und der Direktor der Schule kam mit einem Lehrer herein. Sofort war es still und jeder hatte auch einen Sitzplatz. Autorität macht eben doch viel aus. Der Direktor stellte unseren neuen Klassenleiter vor. Bei ihm haben wir Mathematik. "Auch das noch", sagte mein Banknachbar Josel und musste nach der Vorstellung als erster an die Tafel. "Der Streit geht also um die Verteilung der Sitzplätze. Beschäftigen wir uns damit." Josel schaute zuversichtlich in die Klasse. So schwer kann doch eine Sitzverteilung nicht sein. Der Lehrer stellte an die Klasse die Frage: "Wieviel Möglichkeiten gibt es bei der Verteilung von drei Sitzplätzen?" Fast alle Schüler meldeten sich und Josel sollte die Antworten an die Tafel schreiben. Alle waren unüberlegt und falsch.

Es war doch nicht so einfach. "Fangen wir mit einer Person an. Wir bezeichnen sie hier mal mit dem Buchstaben **A**. Hier gibt es natürlich nur eine Möglichkeit. Die zweite Person bezeichnen wir mit dem Buchstaben **B**. Hier gibt es zwei Möglichkeiten für die Sitzverteilung:

A B und **B A**

Aber wie sieht es aus, wenn eine dritte Person, hier mit C bezeichnet, dazukommt." Josel schrieb die Antworten an die Tafel und die Klasse arbeitete mit:

A B C	1. Möglichkeit der Sitzverteilung
A C B	2. Möglichkeit " "
B C A	3. Möglichkeit " "
B A C	4. Möglichkeit " "
C A B	5. Möglichkeit " "
C B A	6. Möglichkeit " "

Bei drei Personen gibt es 6 Möglichkeiten einer Sitzverteilung. Die Aufgabe war für uns gelöst und Josel durfte sich setzen. "Was es nicht alles gibt", murmelte er. Unser Lehrer war ein gründlicher Mensch und betrachtete das Problem einer Sitzverteilung als noch nicht gelöst.

Als Hausaufgabe sollten wir feststellen:
Wieviel Möglichkeiten einer Sitzverteilung gibt es bei vier Personen?

In der Klasse wurde es unruhig und wir stritten darüber, ob solche Aufgaben noch etwas mit Mathematik zu tun haben. Wozu braucht man so etwas? Die meisten schauten böse auf die Streithähne, die uns das alles eingebrockt hatten. Josel meinte: "Was wollt ihr denn; so schlecht ist diese Aufgabe nicht. Hier steckt viel mehr drin. Sicher kann man sie auch bei anderen Problemen verwenden."

Ich fing wieder damit an, die vier Personen mit **A, B, C und D** zu bezeichnen und nach den bisherigen Erfahrungen die Anzahl der möglichen Sitzverteilungen zu ermitteln. Viel Papier wurde beschrieben, bevor ich auf die Zahl **24** kam.

Josel kam zu mir und rief mir schon auf der Treppe entgegen: "Hast du auch 24 Möglichkeiten herausbekommen?" Für ihn war die Hausaufgabe mit der Zahl 24 gelöst. Mein Lösungsweg war umständlich und sehr aufwendig.

Lösung

Wieviel Möglichkeiten einer Sitzverteilung gibt es bei vier Personen?

ABCD	1.	Möglichkeit der Sitzverteilung
ABDC	2.	" " "
ACBD	3.	" " "
ACDB	4.	" " "
ADCB	5.	" " "
ADBC	6.	" " "
BCDA	7.	" " "
BCAD	8.	" " "
BDAC	9.	" " "
BDCA	10.	" " "
BACD	11.	" " "
BADC	12.	" " "
CDAB	13.	" " "
CDBA	14.	" " "
CABD	15.	" " "
CADB	16.	" " "
CBAD	17.	" " "
CBDA	18.	" " "
DABC	19.	" " "
DACB	20.	" " "
DBCA	21.	" " "
DBAC	22.	" " "
DCBA	23.	" " "
DCAB	24.	" " "

Bei 4 Personen gibt es 24 Möglichkeiten einer Sitzverteilung.

Die Aufgabe war richtig gelöst und ich war trotzdem mit dem Lösungsweg unzufrieden. Es kann doch nicht sein, dass man die Anzahl der möglichen Sitzverteilung so umständlich ermittelt. Bei einer größeren Anzahl von Personen ist das schon gar nicht mehr möglich. Hier muss die Mathematik helfen. Josel hat einen Weg gefunden.

Wie hat er das gemacht?

Versuche das herauszufinden. Die Lösung auf der Seite 85 ist als Vergleich gedacht.

Am nächsten Tag waren wir wohl die Einzigen, die den Weg zur Schule ohne Abkürzung nahmen. Wir waren eben die Neuen und wir mussten noch viel lernen. Hinter der Brücke war ein Trampelpfad, den alle Schüler nahmen. Das haben wir nicht gewusst und gingen den Umweg. Das Grinsen der anderen Schüler ärgerte mich. Unterwegs trafen wir viele Bekannte aus der alten Schule. "Ihr habt es gut", schallte es uns entgegen. Für jeden, den es nicht betrifft, ist es eben nicht so schlimm. Ich wäre lieber in der alten Schule geblieben. Das Leben geht aber weiter.

Die neue Schule war für mich immer noch fremd und kalt. In der Klasse fühlte ich mich schon wohler. Der Unterricht begann mit Mathematik. Die Hausaufgaben wurden kontrolliert. Unser Mathe-Lehrer ging von Reihe zu Reihe und schaute nur flüchtig auf die Aufzeichnungen. Dabei machte er sich kurze Notizen. Auf die Zahl 24 haben wir uns vorher alle geeinigt. Soviel wurde noch nie geschummelt. Unser Lehrer ging nach vorn und stellte die Frage: "Wer kam von allein auf die Zahl 24?" Zögernd gingen einige Hände hoch. Eine Hand ging schnell wieder runter. Von hinten kam eine leise Stimme: "Jemand muss uns verraten haben." "Du spinnst", sagte Josel. Ich musste an die Tafel und meinen Lösungsweg darlegen. "Kam jemand auf die Idee, die Anzahl der möglichen Sitzverteilung auch rechnerisch zu ermitteln?" Diese Frage von unserem Lehrer habe ich schon erwartet.

Ich schaute auf Josel, der sich nicht meldete. Er wollte vor den anderen Schülern nicht prahlen. Unser Lehrer hatte das erkannt und Josel musste an der Tafel seinen Lösungsweg erläutern. Wir waren begeistert und unser Lehrer schrieb etwas in sein Buch. Sicherlich war es eine gute Note.

Lösung

Anzahl Personen	Aufgabe		Anzahl Sitzmöglichkeiten
1	1	=	1
2	$1 \cdot 2$	=	2
3	$1 \cdot 2 \cdot 3$	=	6
4	$1 \cdot 2 \cdot 3 \cdot 4$	=	24
5	$1 \cdot 2 \cdot 3 \cdot 4 \cdot 5$	=	120
6	$1 \cdot 2 \cdot 3 \cdot 4 \cdot 5 \cdot 6$	=	720
7	$1 \cdot 2 \cdot 3 \cdot 4 \cdot 5 \cdot 6 \cdot 7$	=	5040
8	$1 \cdot 2 \cdot 3 \cdot 4 \cdot 5 \cdot 6 \cdot 7 \cdot 8$	=	40320
9	$1 \cdot 2 \cdot 3 \cdot 4 \cdot 5 \cdot 6 \cdot 7 \cdot 8 \cdot 9$	=	362880
10	$1 \cdot 2 \cdot 3 \cdot 4 \cdot 5 \cdot 6 \cdot 7 \cdot 8 \cdot 9 \cdot 10$	=	3628800

usw.

Wichtig ist immer: **"gewusst wie"**.

XVI. Der alte Leuchtturm
Wie hoch?

Jedes Jahr wollte ich mir im Urlaub einen Traum erfüllen, von einem Leuchtturm ins weite Meer schauen. Mit einem Schiff fahren, ist schon ein schönes Erlebnis. Aber immer hatte ich dabei den Wunsch, die Weite des Meeres einmal von oben zu sehen. Es waren Herbstferien und mein Enkel war begeistert. Er wollte mitkommen und seinen lenkbaren Drachen steigen lassen. Unsere Freude hat die Familie überzeugt. Wir suchten eine Insel aus und die Fahrt begann. Taxi, Bahn, Bus, Katamaran, Taxi und acht Stunden. Wir waren auf der Insel mit den zwei Leuchttürmen und einem breiten Strand. Die Leuchttürme konnten wir bereits vom Schiff aus sehen. Der Wind pfiff und es war auch nicht besonders warm. Wir waren müde und mein Enkel stand schon mit seinem Drachen auf dem Flur. Es wurde finster und wir verschoben alles auf den nächsten Tag. Der Wind heulte die ganze Nacht und wir konnten den Sturm von unserem Fenster beobachten. Auf dem Wasser wären wir sicher alle seekrank.

Am nächsten Tag war die See ruhiger. Drachensteigen war zuerst angesagt. Nachmittag wollten wir auf den alten Leuchtturm. Auf einer großen Sandbank starteten wir unser Unternehmen. Wir rollten 20 Meter Schnur aus, ich hielt den Drachen und mein Enkel die Lenkung. Wir starteten. Der Drachen sauste nach oben und machte seinem Namen alle Ehre. Er entwickelte sich zu einem Ungeheuer. Mit Höchstgeschwindigkeit kam er wieder runter und verjagte die freilaufenden Hunde der Zuschauer. Unsanft landete er im weichen Sand und die zu erwartenden Reparaturen wurden eingeleitet. Dabei gab es von den vielen Zuschauern Hinweise und Vorschläge. Einer wollte den Drachen mit seinen Kenntnissen vorführen. Ich war stolz auf meinen Enkel. Er gab den Drachen nicht aus der Hand. Der zweite Versuch war ein voller Erfolg. Der Drachen wurde gebändigt und gehorchte dem Lenker. Zielgerichtet konnte er die Hunde verjagen. Das war ein Spaß. Der Wind wurde stärker und unsere Sandbank wurde immer mehr von der Flut eingekreist. Wir bekamen nasse Schuhe und machten uns schnell auf den Weg ins Hotel. Trockene und warme Sachen waren jetzt gefragt. In einem Fachgeschäft versorgten wir uns noch mit den erforderlichen Ersatzteilen für unseren Flugapparat. Auf ein Neues. Wir freuten uns jetzt auf den Besuch des alten Leuchtturms.

Der alte Leuchtturm war nicht mehr in Betrieb, aber für Besucher freigegeben. Einen Wegweiser zu ihm gab es nicht. Wir konnten ihn aber von allen freien Plätzen und Stellen der Insel sehen. Wir machten uns auf den Weg. Er war weiter als wir dachten. Die letzten 200 Meter führte ein waagerechter und gerader Weg zum Eingang. In der unteren Etage waren mehrere Zimmer mit einer Ausstellung über die Geschichte des Leuchtturms und Sturmfluten. Alles war sehr interessant und wir nahmen uns vor, diesen Ort öfter zu besuchen. Eine Wendeltreppe führte nach oben und in Abständen waren kleine Zimmer mit Bänken. An alles war gedacht. Im letzten Zimmer war ein Gästebuch und wir trugen uns mit einem Spruch und einer Zeichnung ein. Wir mussten auch eine kleine Pause machen, denn der Turm war doch sehr hoch. Noch eine Treppe und wir waren oben. Die Eisentür zum Rundgang war aber verschlossen. Ein Besucher klärte uns auf. "Die Tür ist nicht verschlossen. Der Wind ist so stark. Halten sie ihre Brille fest, damit sie nicht weg fliegt." Der Hinweis war gut. Auf dem Rundgang empfing uns ein Sturm und wir mussten uns am Geländer festhalten. Wir sahen und hörten mit Begeisterung das Meer. "Wie hoch sind wir eigentlich?" Da hatten wir es wieder mit der Mathematik zu tun. "Die Aufgabe lösen wir", sagte ich zu meinem Enkel. Wir brauchen nur eine Messlatte und die können wir uns borgen.

Aufgabe: Wie hoch ist der Leuchtturm insgesamt und wie hoch ist der Rundgang?

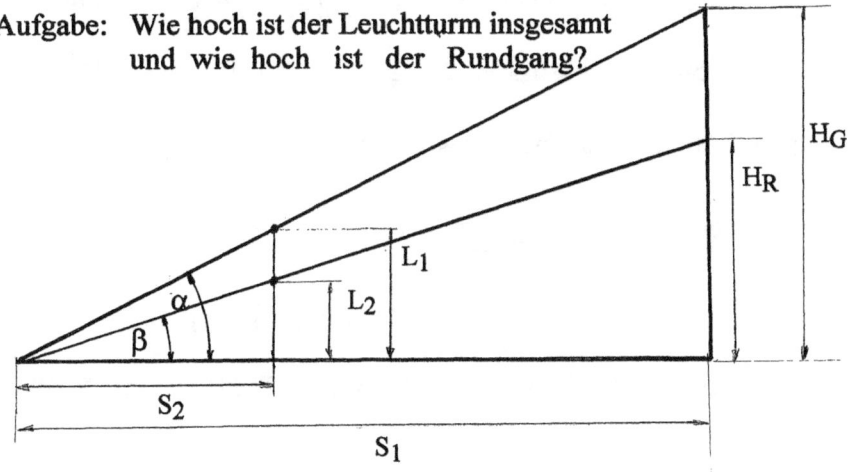

Lösungsvorschläge

Für die Aufgabe haben wir 3 Lösungsmöglichkeiten ausgewählt. Es gibt noch mehrere. Entsprechend den Bedingungen und Möglichkeiten sollten wir uns für die einfachste entscheiden. Man sollte aber alle 3 kennen. Man kann nie wissen.

1. Möglichkeit: Lösung mit den Winkelfunktionen.
                   Kotangens.

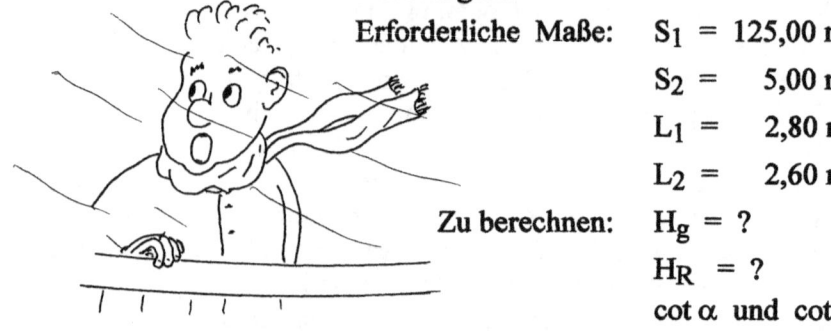

Erforderliche Maße: S_1 = 125,00 m
                     S_2 =   5,00 m
                     L_1 =   2,80 m
                     L_2 =   2,60 m

Zu berechnen: H_g = ?
               H_R = ?
               $\cot \alpha$ und $\cot \beta$

1.1) Gesamthöhe des Leuchtturms H_g

$$\cot \alpha = \frac{\text{Ankathete}}{\text{Gegenkathete}} = \frac{S_2}{L_1} = \frac{5 \text{ m}}{2,80 \text{ m}} = 1,7857$$

$$\cot \alpha = \frac{S_1}{H_g} \quad \text{dann ist} \quad H_g = \frac{S_1}{\cot \alpha} = \frac{125 \text{ m}}{1,7857} = 70 \text{ m}$$

<u>Der Leuchtturm hat eine Gesamthöhe von 70 Meter.</u>

1.2) Höhe des Rundganges auf dem Leuchtturm H_R.

$$\cot \beta = \frac{S_2}{L_2} = \frac{5 \text{ m}}{2,60 \text{ m}} = 1,9231$$

$$\cot \beta = \frac{S_1}{H_R} \quad \text{dann ist} \quad H_R = \frac{S_1}{\cot \beta} = \frac{125 \text{ m}}{1,9231} = 65 \text{.m}$$

<u>Die Höhe des Rundgangs auf dem Leuchtturm beträgt 65 m.</u>

Für die erforderlichen Maße L_1 und L_2 genügen auch die Winkelfunktionen $\cot \alpha$ und $\cot \beta$.
Wenn man hat.

2. Möglichkeit: Wir ermitteln die Höhen mit dem Dreisatz.

   2.1) Gesamthöhe des Leuchtturms.

   $$\frac{S_2}{L_1} = \frac{S_1}{H_g} \qquad H_g = \frac{125 \text{ m} \cdot 2{,}8 \text{ m}}{5 \text{ m}} = 70 \text{ m}$$

   <u>Die ermittelte Gesamthöhe des Leuchtturms beträgt ebenfalls 70 Meter.</u>

   2.2) Höhe des Rundganges auf dem Leuchtturm.

   $$\frac{S_2}{L_2} = \frac{S_1}{H_R} \qquad H_R = \frac{125 \text{ m} \cdot 2{,}60 \text{ m}}{5 \text{ m}} = 65 \text{ m}$$

   <u>Die Höhe des Rundganges auf dem Leuchtturm beträgt auch hier 65 Meter.</u>

3. Möglichkeit: Wir Zählen die Stufen.

   Natürlich kann man bei dieser einfachen Methode hier nur die Höhe bis zum Rundgang feststellen. Bis dahin war es für uns nur erlaubt.

   Bis zum Rundgang des Leuchtturmes mußten wir 361 Stufen steigen. Jede Stufe war 18 cm hoch.

   $$H_R = 361 \cdot 18 \text{ cm} = 6.498 \text{ cm}$$

   $$H_R = 65 \text{ m} \quad \text{(aufgerundet)}$$

   <u>Der Rundgang auf dem Leuchtturm ist 65 Meter hoch.</u>

Wenn man weiß wie es gemacht wird, dann ist alles einfach.

An einem Schornstein ist infolge Erdarbeiten ein Riss (DE) entstanden. Die Risslänge muss sofort festgestellt werden. Vom Schornstein ist nur die Gesamthöhe (BH = 90 Meter) bekannt.

Bei dieser Aufgabe konzentrieren wir uns auf die Maße, die wir für die Berechnung der Risslänge benötigen.

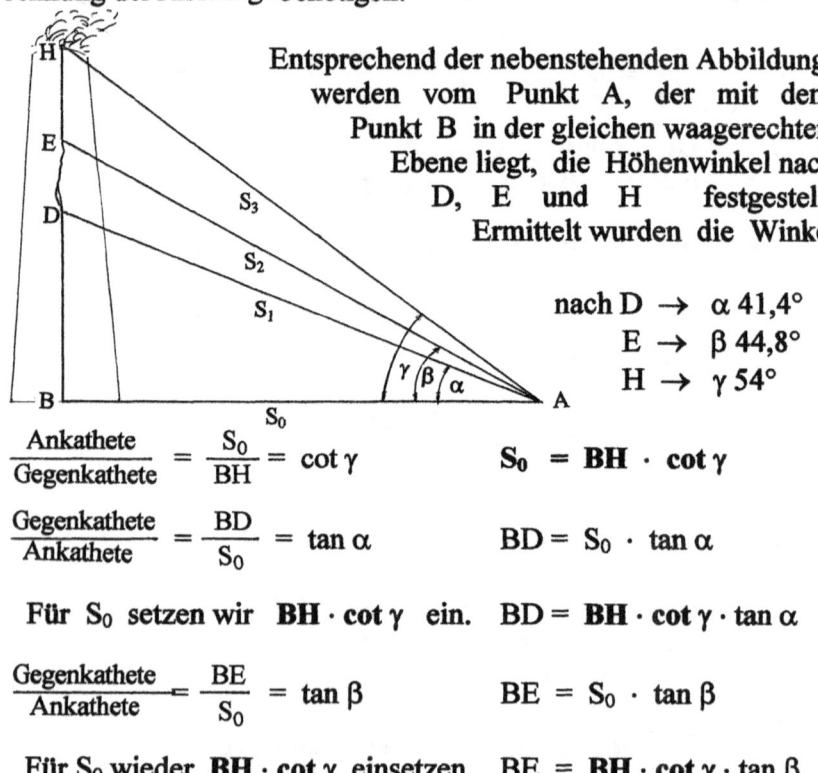

Entsprechend der nebenstehenden Abbildung werden vom Punkt A, der mit dem Punkt B in der gleichen waagerechten Ebene liegt, die Höhenwinkel nach D, E und H festgestellt. Ermittelt wurden die Winkel

nach D → α 41,4°
E → β 44,8°
H → γ 54°

$\dfrac{\text{Ankathete}}{\text{Gegenkathete}} = \dfrac{S_0}{BH} = \cot \gamma$ $\qquad S_0 = BH \cdot \cot \gamma$

$\dfrac{\text{Gegenkathete}}{\text{Ankathete}} = \dfrac{BD}{S_0} = \tan \alpha$ $\qquad BD = S_0 \cdot \tan \alpha$

Für S_0 setzen wir $BH \cdot \cot \gamma$ ein. $\qquad BD = BH \cdot \cot \gamma \cdot \tan \alpha$

$\dfrac{\text{Gegenkathete}}{\text{Ankathete}} = \dfrac{BE}{S_0} = \tan \beta$ $\qquad BE = S_0 \cdot \tan \beta$

Für S_0 wieder $BH \cdot \cot \gamma$ einsetzen. $\qquad BE = BH \cdot \cot \gamma \cdot \tan \beta$

Die Risslänge des Schornsteins ist:

$$DE = BE - BD$$

Setzen wir die ermittelten Maße ein, dann ist DE:

$$\underset{DE}{DE} = \underset{BE}{BH \cdot \cot\gamma \cdot \tan\beta} - \underset{BD}{BH \cdot \cot\gamma \cdot \tan\alpha}$$

$$\begin{aligned}DE &= BH \cdot \cot\gamma\,(\tan\beta - \tan\alpha) \\ &= 90\text{ m} \cdot \cot 54°\,(\tan 44{,}8° - \tan 41{,}4°) \\ &= 90\text{ m} \cdot 0{,}7265\,(0{,}9930 - 0{,}8816) \\ &= 90\text{ m} \cdot 0{,}7265 \cdot 0{,}1114\end{aligned}$$

<u>**DE = 7,28 m**</u>

<u>**Die Länge des Risses am Schornstein beträgt 7,28 Meter.**</u>

Die Umrechnung der Winkel von Grad in die erforderlichen Winkelfunktionen kann durch Tabellen, Taschenrechner, Messinstrumente usw. erfolgen. In unserer Aufgabe ist:

$$\begin{aligned}\cot\gamma &= \cot 54° = 0{,}7265 \\ \tan\beta &= \tan 44{,}8° = 0{,}9930 \\ \tan\alpha &= \tan 41{,}4° = 0{,}8816\end{aligned}$$

Mit den hier dargelegten Methoden haben wir in den Ferien alles mögliche gemessen. Es musste nur hoch und interessant sein, wie Figuren auf Türmen, Rathäuser und Kirchen. Es machte Freude und schulte das Denken.

Bei der Schilderung unserer Erlebnisse auf dem Leuchtturm wurde ich immer wieder gefragt: "Was hast du denn ins Gästebuch geschrieben?" Hier ist die Antwort:

"Meine Mütze ist runtergeflogen. Komme gleich wieder."

XVII. Apfelwein
Ein Kessel mit 3 Pumpen

Schön ist es, wenn man einen Freund hat. Noch schöner ist es, wenn er auch einen Garten hat. Ich hatte so einen Freund. Wir waren unzertrennlich. Am Ende seines Gartens war ein alter Apfelbaum. Er hatte mehr Äpfel als Blätter. Die Äpfel waren klein, hart und sauer wie Essig. Keiner wollte sie haben. Er grub sie jedes Jahr als Dünger unter. In diesem Jahr sollte es anders werden. Man konnte aus solchen Äpfeln auch Wein machen. Auf diese Idee kam ich im "Tante Emma" Laden. Hier wurde Weinhefe verkauft. Alle Sorten. Ich entschied mich für Taragona. Das klingt so spanisch. Meine Frau machte die Äpfel sauber und schnitt sie in kleine Stücke. Dann wurden sie im Fleischwolf klein gemacht. Am nächsten Tag wurden sie gepresst. Der Saft sah nicht gut aus. Dunkelbraune Brühe. Sie reichte auch nicht und mein Freund brachte uns noch einen Sack von diesen Äpfeln. Die Prozedur fing wieder von vorn an. Gegärt hat er aber gut und wir konnten den Schaum kaum bewältigen. Nach einigen Tagen beruhigte er sich wieder. Die Hälfte vom Wein war Schlamm und unser Wein wurde immer weniger. Wir haben auch viel gekostet. Sauer. Zucker musste rein und er fing wieder heftig zu gären an. Unser Wein schmeckte jetzt süßsauer. Meine Frau tröstete mich: "Der Wein braucht viel Zeit und muss jetzt seine Ruhe haben." Ich schaffte ihn in den Keller.

Die Zeit verging und nach einem Jahr sah ich wieder nach dem Wein. Er war klar und hatte unten eine dicke Schlammschicht. Eine Reinigung war angesagt und wir kosteten wieder. Mit einigen Tabletten Süßstoff und Zucker schmeckte er wieder.

Wir machten Urlaub und ich nahm vier Flaschen von dem Wein mit. Die Korken von den alten Flaschen passten nicht und ich musste mit dem Taschenmesser nachhelfen. Ich war stolz auf meine Leistungen und nannte ihn nur noch Taragona. Er war aber wieder etwas milchig. In einem kleinen Wartesaal mussten wir auf die Bergbahn warten. Alle Stühle und Tische waren besetzt. Neben uns hatte eine Frau drei Stühle mit ihrem Gepäck belegt. Erst nach bitten und drängeln war sie bereit, einen Stuhl freizumachen. Meine Frau konnte sich jetzt ausruhen.

Ich suchte weiter nach einem Stuhl. Plötzlich hörte ich einen dumpfen Knall. Er kam aus der Ecke, wo meine Frau saß. Was war das und woher kam der Knall? Ich wusste es. Der Zug kam und alle drängten aus dem Saal. Einsteigen war jetzt wichtiger. Unterwegs knallte es noch zweimal. Eine Flasche brachten wir heil an. Der Korken war zu fest. Mit dem Taschenmesser machten wir ihn klein und kamen an den Wein ran. Der Wirt begrüßte uns mit einer Flasche Apfelwein aus eigener Produktion. Meine Frau schaute mich vielsagend an. Der Wein war klar und hatte einen wohltuenden Geschmack. Ich nahm mir vor, nie wieder Wein mit solchen Früchten zu machen. Unsere Wirtin hatte aber dafür Verwendung. Sie machte Essig daraus und der war gut.

Wir kamen vom Wein nicht mehr weg. Am nächsten Tag besichtigten wir die neuen Errungenschaften unseres Wirtes zur Weinherstellung. "Das Wichtigste sind die Früchte", klärte er mich auf. Wir standen an einem Behälter mit drei Pumpen.

Frage: Wie lange müssen die 3 Pumpen arbeiten, um den Behälter von 1620 Liter zu füllen?

Die Leistungen der Pumpen in einer Minute sind:

Pumpe 1:   2 Liter   t = Zeit in Minuten
Pumpe 2:   4 Liter   L = Liter
Pumpe 3:   3 Liter   h = Stunde

Lösung: $t \cdot 2 \, L/min + t \cdot 4 \, L/min + t \cdot 3 \, L/min = 1620 \, L$

$t \, (2 \, L/min + 4 \, L/min + 3 \, L/min) = 1620 \, L$

$t \cdot 9 \, L/min = 1620 \, L$

$t = \dfrac{1620 \, L}{9 \, L} \, min$

$t = 180 \, min = 3 \, h$

Die 3 Pumpen müssen 180 Minuten arbeiten, um den Behälter mit 1620 Liter zu füllen.

Probe: Anteil der einzelnen Pumpen an der Gesamtmenge.
Alle 3 Pumpen arbeiteten 180 Minuten.
Pumpe 1:   180 min · 2 L/min = 360 L

Pumpe 2:   180 min · 4 L/min = 720 L

Pumpe 3:   180 min · 3 L/min = 540 L

Gesamtmenge: 360 L + 720 L + 540 L = 1620 L

Was zu beweisen war.

Aufgabe zur Selbstkontrolle:
Ein Kessel mit einem Fassungsvermögen von 31500 Litern soll von 2 Zuflüssen aus Quellen gefüllt werden.
Zufluß 1:   22 Liter in der Minute
Zufluß 2:   53 Liter in der Minute
In wieviel Minuten und Stunden ist der Kessel voll?

Lösungsvorschlag zum Vergleich.

$$t \cdot 22\,\text{L/min} + t \cdot 53\,\text{L/min} = 31500\,\text{L}$$

$$t\,(22\,\text{L/min} + 53\,\text{L/min}) = 31500\,\text{L}$$

$$t \cdot 75\,\text{L/min} = 31500\,\text{L}$$

$$t = \frac{31500\,\text{L}}{75\,\text{L}}\,\text{min}$$

$$t = 420\,\text{min} = 7\,\text{h}$$

Der Kessel ist in 7 Stunden mit 31500 Litern voll.

XVIII. Purzel
Geschwindigkeit

Unsere Freundschaft begann beim Mittagsschlaf. Jemand leckte unaufhörlich an meiner Hand und ich bin aufgewacht. Zwei schwarze Punkte schauten mich treuherzig an. Es war ein kleiner Spitz. Purzel mit einer schwarzen Schnauze und zwei schwarzen Augen. Wir wurden sofort Freunde und er war ständig an meiner Seite. Seine speziellen Freunde begrüßte er mit Freudensprünge und Gebell. Wenn ich nach Hause kam, dann konnte er sich kaum beruhigen. Ich wusste, er freut sich immer. Sein Freudengebell war im ganzen Haus zu hören. Er war für mich mehr als ein Hund. Er war mein Gefährte. Wir nahmen ihn überall mit.

Ich brachte meinen Freund zum Bahnhof und half ihm bei der Suche nach einem Sitzplatz. Purzel war wie immer dabei und half mit. Der Zug fuhr ab und wir winkten uns noch lange zu. Erst jetzt merkte ich, dass Purzel nicht mehr bei mir war. Er war im Zug.

Einen guten Freund lässt man nicht im Stich. Also mit einem D-Zug hinterher fahren. Das wäre eine Lösung.

Aufgabe: Um 7.20 Uhr fuhr der Personenzug mit meinem Freund und Purzel vom Bahnhof ab.
Um 8.40 Uhr fährt in die gleiche Richtung ein D-Zug ab. Der D-Zug fährt in der Stunde 18 km schneller als der Personenzug.
Er holt den Personenzug um 12.00 Uhr ein.

1.) Wie hoch ist die Geschwindigkeit des Personenzuges?

2.) Wie hoch ist die Geschwindigkeit des D-Zuges?

3.) Nach wieviel Kilometern überholt der D-Zug den Personenzug?

Lösungsvorschlag:

1.) Wie hoch ist die Geschwindigkeit des Personenzuges?

v_1 = Geschwindigkeit des Personenzuges in km/h

v_2 = Geschwindigkeit des D-Zuges in km/h

t_1 = Fahrzeit des Personenzuges von 7.20 Uhr bis 12.00 Uhr.
   t_1 = 280 Minuten

t_2 = Fahrzeit des D-Zuges von 8.40 Uhr bis 12.00 Uhr.
   t_2 = 200 Minuten

$$t_1 \cdot v_1 = t_2 \cdot v_2 \qquad v_2 = v_1 + 18 \text{ km/h}$$

$$t_1 \cdot v_1 = t_2 (v_1 + 18 \text{ km/h})$$
$$280 \text{ min} \cdot v_1 = 200 \text{ min} (v_1 + 18 \text{ km/h}) \qquad : \text{min}$$
$$280 \cdot v_1 = 200 \cdot v_1 + 3600 \text{ km/h} \qquad - 200 \cdot v_1$$
$$80 \cdot v_1 = 3600 \text{ km/h} \qquad : 80$$

$$v_1 = \frac{3600 \text{ km}}{80 \text{ h}}$$

v_1 = 45 km/h

Die Geschwindigkeit des Personenzuges beträgt 45 km in der Stunde.

2.) Wie hoch ist die Geschwindigkeit des D-Zuges?

$$v_2 = v_1 + 18 \text{ km/h}$$

$$= 45 \text{ km/h} + 18 \text{ km/h}$$

V_2 = 63 km/h

Die Geschwindigkeit des D-Zuges beträgt 63 km in der Stunde.

3.) Nach wieviel Kilometern überholt der D-Zug den Personenzug?

Hier ist es zweckmäßig, die Fahrzeit der beiden Züge in Stunden umzurechnen.

Fahrzeit des Personenzuges: $t_1 = \dfrac{280 \text{ min} \cdot 1 \text{ h}}{60 \text{ min}}$

$= 4{,}67 \text{ h}$ (4 h und 40 min)

Fahrzeit des D-Zuges: $t_2 = \dfrac{200 \text{ min} \cdot 1 \text{h}}{60 \text{ min}}$

$= 3{,}33 \text{ h}$ (3 h und 20 min)

Überholung des Personenzuges durch den D-Zug:

$t_1 \cdot v_1 = 4{,}67 \text{ h} \cdot 45 \text{ km/h} = \mathbf{210 \text{ km}}$

$t_2 \cdot v_2 = 3{,}33 \text{ h} \cdot 63 \text{ km/h} = \mathbf{210 \text{ km}}$

Der D-Zug überholt den Personenzug nach 210 Kilometern.

Übrigens: Purzel sprang bei der ersten Haltestelle aus dem Personenzug und lief die 18 km nach Hause. Er kam erst am nächsten Tag an und wartete noch 4 Stunden vor der Haustür.
Dieses Ereignis hat sich wirklich zugetragen. Nur die Kilometer und Zahlen sind erfunden. Es war eben vor vielen Jahren.

Aufgabe: Ein Fahrzeug fährt von der Kreisstadt zum 60 Kilometer entfernten Kurort mit einer Geschwindigkeit von
$v_1 = 36 \text{ km/h}$
Ein weiteres Fahrzeug kommt ihm vom Kurort mit einer Geschwindigkeit von
$v_2 = 54 \text{ km/h}$ entgegen.
Wann treffen sich die beiden Fahrzeuge und wieviel Kilometer ist jedes Fahrzeug gefahren?

Beide Fahrzeuge fahren zu gleicher Zeit ab.

Lösungsvorschlag:
1.) Wann treffen sich die beiden Fahrzeuge?

$$v_1 \cdot t + v_2 \cdot t = 60 \text{ km}$$

$$t(v_1 + v_2) = 60 \text{ km}$$

$$t = \frac{60 \text{ km}}{(v_1 + v_2)}$$

$$= \frac{60 \text{ km h}}{36 \text{ km} + 54 \text{ km}}$$

$$= \frac{60 \text{ h}}{90}$$

$$t = 0{,}666 \text{ h} = 40 \text{ min}$$

Beide Fahrzeuge treffen sich nach einer Fahrzeit von 0,666 Stunden. Das sind 40 Minuten.

2.) Fahrkilometer des Fahrzeuges aus der Kreisstadt:
$$x = v_1 \cdot t$$

$$x = 36 \text{ km/h} \cdot 0{,}666 \text{ h} = 36 \text{ km} \cdot 0{,}666$$

$$x = \mathbf{24 \text{ km}}$$

Das Fahrzeug aus der Kreisstadt fuhr 24 Kilometer bis zum Treffen mit dem Fahrzeug aus dem Kurort.

3.) Fahrkilometer des Fahrzeuges aus dem Kurort:
$$x = v_2 \cdot t$$

$$x = 54 \text{ km/h} \cdot 0{,}666 \text{ h}$$

$$x = \mathbf{36 \text{ km}}$$

Das Fahrzeug aus dem Kurort fuhr bis zum Treffen 36 km.

XIX. Kopfrechnen
Eine wahre Begebenheit.

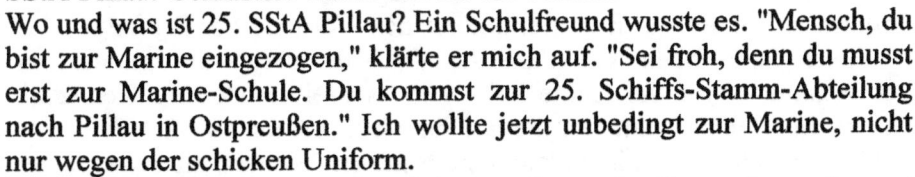

Krieg. An allen Fronten wurde erbittert gekämpft. Die Todesanzeigen füllten die Zeitungen und die Front kam immer näher. Ich machte die Erfahrung, dass die Angst immer größer und die Begeisterung für den Krieg immer kleiner wird, wenn der Gegner auch gute Waffen hat und öfter siegt als wir. Von meinen Schulfreunden wollte keiner mehr an die Front, auch ich nicht.
Ich bekam einen Einberufungsbefehl zur 25. SStA Pillau. Gemustert wurde ich für die Panzer.
Wo und was ist 25. SStA Pillau? Ein Schulfreund wusste es. "Mensch, du bist zur Marine eingezogen," klärte er mich auf. "Sei froh, denn du musst erst zur Marine-Schule. Du kommst zur 25. Schiffs-Stamm-Abteilung nach Pillau in Ostpreußen." Ich wollte jetzt unbedingt zur Marine, nicht nur wegen der schicken Uniform.
Mit klopfendem Herzen ging ich zur Sammelstelle und wurde erst ruhiger, als ich dort viele Bekannte traf. Alle sollten nach Pillau. Einige wussten schon, dass wir in Pillau eine Rekrutenausbildung erhalten und dann auf eine U-Boot-Schule kommen.

Im Sonderzug ging es sehr lustig und lebhaft zu. Es wurde gesungen und über Witze laut gelacht. Die Stimmung wurde erst getrübt, als man uns mitteilte, dass wir in Pillau eine Aufnahmeprüfung ablegen müssten. Mehr wurde uns nicht gesagt. Schlimm ist das Ungewisse. Wir machten uns gegenseitig mit Vermutungen Mut und einigten uns auf Sport. Schon wurden Vergleiche gezogen. Wieviel Klimmzüge schaffst du? Wie schnell bist du beim 100 m-Lauf? Kannst du schwimmen? Einige von uns wurden immer stiller. Nicht alle konnten schwimmen. Sie wollten aber auch zur Marine. Es kam aber anders.

In Pillau hieß es: "Waggonweise antreten, Gepäck aufnehmen, rechts um, ohne Tritt, marsch." Wir hatten Verspätung. Mein Gepäck war leicht. Es bestand, wie bei den meisten, aus einem Karton mit einigen Utensilien und ein wenig Marschverpflegung. Diese Kartons waren für den Rücktransport unserer Zivilkleidung bestimmt. Ich fragte meinen Nebenmann: "Warum haben immer die Kleinsten die größten und schwersten Kartons?" "Du mußt an seinem Karton schnuppern, dann weißt du es." Jetzt wusste ich es auch. Der Duft von Dauerwurst begleitete uns schon den ganzen Weg. Nach fünf Kriegsjahren war Dauerwurst für mich eben ein Fremdwort.

Meine Gedanken kreisten jetzt immer mehr um die bevorstehende Prüfung und ich merkte nicht, wie schnell die Zeit verging. Laute Kommandos vorn rissen mich aus den Gedanken heraus und kündigten unsere Ankunft an. Wir hielten vor einer großen Halle. Alphabetisch geordnet und in Reihe rückten wir in die Halle ein und nahmen an den langen Tischreihen Platz. Am Anfang jeder Tischreihe stand ein Matrose, der uns ein Blatt Papier, Format A4, überreichte.

Kaum hatten wir Platz genommen, stieg ein Offizier in feldgrauer Uniform auf einen Tisch und erläuterte den Vorgang der Prüfung. "Auf die linke Seite oben schreiben sie ihren Namen und darunter ihr Geburtsdatum. Auf die rechte Seite oben schreiben sie ihre Kennzahl. Das ist die gleiche Nummer, die auf ihrer Einberufung steht." Es wurde still in der Halle. Von hinten kam eine Stimme: "Können sie etwas lauter sprechen." Der Redner ging nicht darauf ein.

"Sie bekommen 12 Aufgaben angesagt, die sie zu lösen haben. Die Aufgaben sind nummeriert. Sie schreiben die Nummer der Aufgabe und daneben die Lösung. Für ihre Schmierereien können sie den unteren Teil oder die Rückseite des Blattes verwenden. Wer abschreibt, gibt sofort sein Blatt ab und hat mit einer Bestrafung zu rechnen.

Wir fangen sofort an.

      Aufgabe 1) $123 : 3 + 9 = $ "

Bei der ersten Aufgabe war ich noch beim Schreiben der Kennzahl und habe den Einsatz der Aufgabe verpasst. Ich habe mir aber die drei Zahlen gemerkt und schrieb die Aufgabe schnell auf einen Schmierzettel und konnte sie lösen. Dabei verpasste ich die zweite Aufgabe.

Bei der dritten Aufgabe war ich schneller.
"Aufgabe 3) $24 \cdot 4 - 12 =$ "
Ich löste diese Aufgabe durch Kopfrechnen so:
$$25 \cdot 4 \text{ ist } 100 - 4 = 96$$
Von diesem Zwischenergebnis   96   zog ich   12   ab und habe die Aufgabe gelöst.

Das klappte auch bei den meisten Aufgaben.

Bei der Aufgabe 8) $17 \cdot 17 =$ war mir der Lösungsweg gut
bekannt: $170 + 70 + 49 =$ $(7 \cdot 7 = 49)$
Ich addierte die Zahlen $240 + 49 = 289$ gelöst.

Angesagt wurde jetzt:
"Aufgabe 12)   Ein Rad von einem Meter Durchmesser macht in einer Minute eine Umdrehung. Wie groß ist seine Umfangsgeschwindigkeit?"

Die Formel dazu fiel mir nicht ein. Ich wusste aber, wenn der Durchmesser des Rades ein Meter ist, dann ist der Umfang des Rades: Durchmesser mal π, also $1 \text{ m} \cdot 3{,}14$.
Lösung: 12.)   3,14 Meter in einer Minute.

Ich war noch bei der 12. Aufgabe, da stand schon ein Matrose vor mir und nahm mir das Blatt ab.

In der Aufregung habe ich vergessen, meine Kennzahl zu vervollständigen. Viele von uns kamen überhaupt nicht dazu. Hoffentlich genügt der Name? Er genügte. Eine gute Note für Schönschrift hätte ich sicherlich nicht erhalten, aber ich habe von 12 Aufgaben 9 richtig gelöst.

Die Offiziere und Matrosen mit den Blättern verschwanden in einem Nebenraum. In der Halle wurde es laut. Erfahrungen wurden ausgetauscht, Ergebnisse verglichen und Aufgaben nachgerechnet. Gestritten wurde über Lösungswege und die Bewertung der Aufgaben. Ein Spaßvogel machte Witze und wir lachten. Von hinten rief jemand: "Ich gehe zur Infantrie."

Die Prüfung war einfach und doch komplizierter als ich dachte. Das Tempo hat viele irritiert. Auf solch eine Prüfung war ich nicht vorbereitet.

Die Auswertung dauerte nicht lange. Als die Offiziere und die Matrosen wieder in die Halle kamen, war es sofort still. Der Offizier in der feldgrauen Uniform stieg wieder auf den Tisch und verkündete: "Alle die ich jetzt aufrufe, kommen in das Lager 'Zum Großen Kurfürst' und treten mit ihrem Gepäck vor der Halle an." Ich wurde von meinen Bekannten getrennt und war jetzt bei der Kriegsmarine.

XX. Prüfungen

Prüfungen begleiten uns das ganze Leben. Entscheidend dabei ist, welche Bedeutung haben diese Prüfungen für unser Leben. Es gibt Prüfungen, die unsere Zukunft entscheidend beeinflussen können und es gibt Prüfungen, die nicht so bedeutungsvoll sind.

Auf der Schule mussten wir viele Prüfungen ablegen. Es begann mit den Aufnahmegesprächen und endete mit den Abschlussprüfungen und der Ingenieurarbeit. Dazwischen lagen Hausaufgaben, Klassenarbeiten, Klausuren, Forschungsaufgaben und Experimente.

Unsere erste Zusammenkunft auf der Ingenieurschule war auch eine Prüfung. Nicht alle haben das sofort erkannt. Die Stimmung war ausgelassen und die Aufregungen der letzten Tage waren verschwunden. Wir waren im großen Physikraum und draußen donnerte alle 20 Minuten die Berliner S-Bahn vorbei. Das störte. Später haben wir es gar nicht mehr bemerkt.
Jeder von uns musste sich vorstellen und seinen Lebenslauf erzählen. Woher kommst du, was hast du bisher gemacht, welche Schulbildung hast du, gibt es Fragen? Wir lernten uns kennen. Es gab bescheidene Studenten und Aufschneider. Einige wollten unbedingt mit ihren großen Kenntnissen prahlen. Sie wurden bald auf den Boden der Tatsachen geholt.

Unser Dozent stellte sich ebenfalls vor. Er war nicht viel älter als wir. Durch seine freundliche und sympathische Art hatten wir schnell zu ihm Vertrauen. Er hatte die Gabe so zu sprechen, dass man ihm gern und aufmerksam zuhörte. Ein hervorragender Pädagoge. Nach der Pause hatten wir Gelegenheit, über Fragen zum Schulbetrieb zu sprechen. Fast jeder hatte was auf dem Herzen. Auch über Prüfungen wurde gesprochen.

Wir waren noch beim fachsimpeln über Mathematik, da stellte unser Dozent die Frage: "Wieviel ist 0,3 mal 0,3?" Die ersten Antworten waren falsch. Jetzt sollte nur noch bestätigt werden, ob die Antworten richtig oder falsch waren. Mein Zimmergefährte Horst schrieb die richtige Lösung auf sein Blatt. Am Grinsen vom dritten Mann in unserem Bunde Heinz erkannte ich, dass er es auch wußte. Versucht auch selber mal solche Aufgaben schnell zu lösen.

Unser Dozent half mit einer zweiten Frage: "Wieviel ist 0,3 mal 3 ?" Jetzt wußten alle sofort die richtige Lösung. Heinz rief laut in den Raum: "Das Gescheiteste ist, man ist nicht so dumm." Alle lachten. Heinz hatte mit seinem Humor und seinen ideenreichen Witzen uns viel über Prüfungsängste hinweggeholfen und für eine gute Stimmung gesorgt. Dafür sind wir ihm sehr dankbar. Unsere damals geschlossene Freundschaft besteht heute noch.

Bei der Feier anlässlich unserer Immatrikulation lernten wir auch den Männerchor der Ingenieurschule kennen. Der "Chor der gefangenen Hebräer" wurde meisterhaft vorgetragen und hat uns sehr beeindruckt. Natürlich wurden auch wir aufgefordert, in diesem Chor mitzuwirken. Jeder schlug den anderen vor und jeder versuchte sich zu drücken wo er nur konnte. Schließlich sind wir ja auf der Schule, um die wertvolle Zeit zum Lernen und zur Vorbereitung auf die vielen angekündigten Prüfungen zu nutzen. Wir drei in unserem Zimmer fingen an, uns gegenseitig mit dem Chor zu bedrohen. Heinz schlug vor: "Wenn ihr heut keine Gulaschsuppe spendiert, schlage ich euch beide für den Chor vor." Schließlich konzentrierten sich meine Zimmergefährten auf mich. Horst sagte: "Wenn jemand von uns in Frage kommt, dann nur Günther. Schließlich hat er ja mal einen Chor geleitet." Heinz pflichtete ihm bei und meinte: "Eine Gulaschsuppe ist zu wenig. Es muß mindestens ein Paprikaschnitzel sein. Außerdem soll man seine erworbenen Kenntnisse nie verkommen lassen."
Das Paprikaschnitzel in der Gaststätte am Bahnhof in Zeuthen war nicht nur große Klasse und billig, sondern auch scharf wie Feuer. Nach dem dritten Bissen wussten wir nicht mehr, was wir essen. Es brannte nicht nur auf der Zunge. Wir haben es auch auf der Toilette gemerkt. Es wurde ein lustiger Abend. Ich rief nach der Kellnerin und wollte bezahlen. Sie stemmte ihre Hände auf unseren Tisch. Ihre kräftigen Arme erinnerten mich an die Kolben einer Dampfmaschine. "Ick heiße Maria Klena, und wenn es dir nicht passt, dann stehste uff." Wir wurden Freunde. Es war auch besser so. Diese Paprikaschnitzel wurden unser Leibgericht und wir haben sie zu allen möglichen Anlässen gegessen. Einen Tisch hatte Maria immer für uns bereit. Vielen Dank, Maria.

Auf dem Heimweg meinte Horst nachdenklich: "Wir sollten uns alle drei für den Chor melden. Das wird auf die Anderen als Vorbild wirken und sie werden sich auch melden." Wir haben uns leider geirrt.

Von unserem Semester waren wir die einzigen Chormitglieder. Die Mitarbeit in diesem Chor gehörte mit zu den schönsten Erlebnissen unserer Studentenzeit. Sie brachte uns unvergessene Erlebnisse, Entspannung, Ablenkung und viel Freude, die für unser Studium und vor allem für die Prüfungen so wichtig waren.

Der Unterricht in Mathematik begann mit Wiederholungen. Fast jeder musste an die Tafel, Lösungswege finden, erläutern und das Ergebnis beweisen. Die vielen Hausaufgaben sicherten uns, dass wir die ersten Tage nicht aus dem Bau kamen. Eine Klassenarbeit war angekündigt. Wer hier den Anschluss verpasste, kam nachher nicht mit. Die Aufregung in den einzelnen Zimmern wurde immer größer. Nur Heinz machte seine witzigen Bemerkungen und baute die Aufregung ab. Wir lachten manchmal so laut, dass die anderen Studenten zu uns in's Zimmer kamen und mitlachen wollten. Ihre fragenden Gesichter führten dazu, dass wir noch mehr lachten.

Einen Tag vor der Klassenarbeit war Chorprobe. Wir überlegten, ob wir uns das leisten konnten. Horst schlug vor: "Wir gehen zum Chor." Das war gut so. Während der Chorprobe habe ich sogar die Klassenarbeit und die damit verbundene Aufregung vergessen. Aufgelöst und fröhlich gingen wir nach der Chorprobe in unser Quartier.

Am Tage der Klassenarbeit fehlte Heinz. Wir schauten besorgt aus dem Fenster und fragten die anderen Studenten. Keiner wusste, wo er ist. Strahlend kam er mit einem großen Beutel zur Tür herein. Er war beim Bäckermeister Assman neben der Schule Hörnchen kaufen. Triumphierend gab er jedem ein's. Statt Prüfungsangst wurde laut gelacht.. Wir lernten schnell, auch mit unseren Ängsten fertig zu werden.
Später haben wir aus Spaß an den Hörnchen Kritik geübt, weil sie nicht gerade waren. Horst meinte sogar, dass gebogene Hörnchen Ausschuss sind. Am nächsten Tag kam Heinz mit geraden Hörnchen. In Einzelanfertigung hat er sie nur für uns herstellen lassen. Dank auch an Bäckermeister Assman. Seine Hörnchen, gerade oder gebogen, waren große Klasse.

Unser Mathe-Lehrer kam herein, begrüßte uns freundlich wie immer und sagte: "Ich denke, dass unsere erste Klassenarbeit nicht besonders schwierig ist. Wer im Unterricht gut aufgepasst hat, wird die Aufgaben gut lösen können. Es sind alles Wiederholungen. Sie haben zwei Stunden Zeit. Wer fertig ist, gibt seine Arbeit ab und kann den Raum verlassen." Wir schauten ihn erwartungsvoll an. "Ich schreibe jetzt alle Aufgaben an die Tafel und sie können sofort beginnen."

Klassenarbeit

Name   Datum
Semester

1. gegeben: 7938 und 3789
   gesucht: größter gemeinsamer Teiler (g.g.T.)

   Lösung:
   $$7938 = 3789 \cdot 2 + 360$$
   $$3789 = 360 \cdot 10 + 189$$
   $$360 = 189 \cdot 1 + 171$$
   $$189 = 171 \cdot 1 + 18$$
   $$171 = 18 \cdot 9 + 9$$
   $$18 = 9 \cdot 2 + 0$$

   g.g.T. = 9

   Probe: $7938 : 9 = 882$
   $3789 : 9 = 421$

2. a) $a^2 - 18a + 9^2 = a^2 - 18a + 81 = \underline{(a - 9)^2}$

   b) $t^2 - 2tu + u^2 = \underline{(t - u)^2}$

   c) $k^2 + 6km + 9m^2 = \underline{(k + 3m)^2}$

   d) $36a^2 + 12ab + b^2 = \underline{(6a + b)^2}$

3. a) $(7m + 4n)^2 - (3m - 5n)^2$
$= (49m^2 + 56mn + 16n^2) - (9m^2 - 30mn + 25n^2)$
$= 49m^2 + 56mn + 16n^2 - 9m^2 + 30mn - 25n^2$
$= \underline{\mathbf{40m^2 - 9n^2 + 86mn}}$

b) $(4a - 17b)^2 - (17b - 4a)^2$
$= (16a^2 - 136ab + 289b^2) - (289b^2 - 136ab + 16a^2)$
$= 16a^2 - 136ab + 289b^2 - 289b^2 + 136ab - 16a^2$
$= \underline{\mathbf{0}}$

4. a) $1{,}44a^2b^2 - 0{,}01$
$= \underline{\mathbf{(1{,}2ab - 0{,}1)(1{,}2ab + 0{,}1)}}$

b) $4u^2 - v^2$
$= \underline{\mathbf{(2u - v)(2u + v)}}$

5. a) $\dfrac{1}{2(u-v)} - \dfrac{1}{2(u+v)} - \dfrac{v}{u^2 - v^2}$ HN: $2(u-v)(u+v)$

$= \dfrac{1}{2(u-v)} \cdot \dfrac{(u+v)}{(u+v)} - \dfrac{1}{2(u+v)} \cdot \dfrac{(u-v)}{(u-v)} - \dfrac{v}{(u-v)(u+v)} \cdot \dfrac{2}{2}$

$= \dfrac{u+v}{HN} - \dfrac{u-v}{HN} - \dfrac{2v}{HN}$

$= \dfrac{u + v - u + v - 2v}{2(u-v)(u+v)}$

$= \dfrac{v - v}{2(u-v)(u+v)}$

$= \underline{\mathbf{0}}$

b) $\dfrac{m^2 - n^2}{m^2 + n^2} - 1$

$= \dfrac{(m-n)(m+n)}{m^2 + n^2} - 1$

$= \dfrac{(m-n)(m+n)}{m^2 + n^2} - \dfrac{(m^2 + n^2)}{(m^2 + n^2)}$

$= \dfrac{m^2 - n^2 - m^2 - n^2}{m^2 + n^2}$

$= \dfrac{-2n^2}{m^2 + n^2}$

$= \underline{\underline{\dfrac{-2n^2}{m^2 + n^2}}}$

c) $\dfrac{2x - 5}{x^2 - 6x + 9} - \dfrac{2x + 1}{x^2 - 9}$

$= \dfrac{2x - 5}{(x-3)^2} - \dfrac{2x + 1}{(x-3)(x+3)}$ HN: $(x-3)(x-3)(x+3)$

$= \dfrac{(2x-5)}{(x-3)(x-3)} \cdot \dfrac{(x+3)}{(x+3)} - \dfrac{2x+1}{(x-3)(x+3)} \cdot \dfrac{(x-3)}{(x-3)}$

$= \dfrac{2x^2 - 5x + 6x - 15}{\text{HN}} - \dfrac{2x^2 + x - 6x - 3}{\text{HN}} =$

$$= \frac{2x^2 - 5x + 6x - 15 - 2x^2 - x + 6x + 3}{HN.}$$

$$= \frac{6x - 12}{(x-3)(x-3)(x+3)} = \frac{6(x-2)}{(x-3)(x^2-9)}$$

$$= \underline{\underline{\frac{6(x-2)}{x^3 - 9x - 3x^2 + 27}}}$$

d) $\quad \dfrac{1}{2} - \dfrac{1}{3} + \dfrac{1}{4} - \dfrac{1}{5} + \dfrac{1}{6}$

HN: $\quad 2 = \underline{2}$
$\quad\quad\quad 3 = \underline{3}$
$\quad\quad\quad 4 = \underline{2} \cdot 2$
$\quad\quad\quad 5 = \underline{5}$
$\quad\quad\quad 6 = 2 \cdot 3$
$\quad\quad\quad$ HN $= 2 \cdot 2 \cdot 3 \cdot 5 = \underline{\mathbf{60}}$

$$= \frac{30 - 20 + 15 - 12 + 10}{60}$$

$$= \underline{\underline{\frac{23}{60}}}$$

6. $\quad (a - 2b + 3c)^2$

$$= \underline{\underline{\mathbf{a^2 + 4b^2 + 9c^2 - 4ab + 6ac - 12bc}}}$$

Nach 3 Tagen erhielten wir unsere Klassenarbeiten zurück. Am ernsten Blick unseres Mathe-Lehrers erkannten wir, dass er mit den Ergebnissen nicht zufrieden war. Einige Studenten hatten ihre Fähigkeiten doch überschätzt. Binomische Gleichungen und das Rechnen mit Brüchen wurden ja beherrscht. Es reichte aber nicht für eine Mathe-Arbeit mit diesem Niveau und in diesem Stil. Wir Drei (Horst, Heinz und ich) waren auf diese Prüfung gut vorbereitet und haben die besten Noten erreicht. Das fiel auf, und wir mussten viele Fragen beantworten. Wir konnten immer nur antworten:

- Aufpassen im Unterricht und sich nicht ablenken lassen.
- Die Aufzeichnungen nicht vergessen, mitschreiben und vervollständigen.
- Fragen stellen, wenn etwas nicht verstanden wurde.
- Zum Lernen die erforderliche Zeit nehmen und nicht oberflächlich werden. Wir haben immer gesagt: "Schnell-schnell vergisst schnell."
- Das Dümmste ist, bei Hausaufgaben auf das Lernen zu verzichten und von anderen abschreiben.
- Lösungen prüfen und eventuell mit anderen vergleichen.
- Vor Prüfungen die Prüfungsangst und Aufregung abbauen und für Entspannung sorgen.

Sicherlich gibt es noch viele andere Hinweise. Uns haben sie beim Studium viel geholfen, wobei jeder auch seine eigenen Regeln finden muss. Einige Studenten waren mit ihren schlechten Noten nicht einverstanden und es gab lebhafte Streitereien. Es zeigte sich aber, dass diese Studenten auch nicht die Fleißigsten waren.

Diese Klassenarbeit hat sich wirklich so zugetragen. Sicherlich gibt es aus der heutigen Sicht noch günstigere Lösungen. Wir haben aber gelernt, mathematische Aufgaben und Probleme zu lösen. Das hat uns beim weiteren Studium viel geholfen.

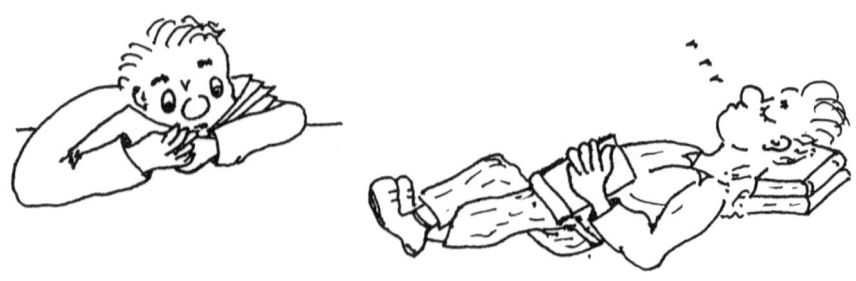

XXI. Der Ausflug

Erlebnisse und Aufgaben

In den letzten Tagen vor den Semesterferien wurde in der Schule nicht mehr viel getan. Die Noten für die abgeschlossenen Fächer standen fest und waren zum größten Teil bekannt. Wanderungen und Ausflüge standen auf der Tagesordnung. Der schon längst fällige Ausflug nach Dresden stand auf unserem Stundenplan. Es sollte auch Überraschungen geben. Unser Mathe-Lehrer stammte aus Dresden und konnte uns daher viel erzählen. Jeder hatte sich ideenreich auf seine Art vorbereitet. In Dresden waren schon die meisten von uns, aber so ein Ausflug mit der ganzen Gruppe war doch etwas ganz anderes. Erstaunlich, was alles mitgenommen wurde. Man war sich auch einig, über das Studium und den Unterricht wird nicht gesprochen. Wir wollten ja mal ausspannen.

Den Bus besorgte Heinz. Er hatte zu allen möglichen Stellen die beste Verbindung. Mit einer halben Stunde Verspätung fuhr am Tag der geplanten Abreise ein nicht mehr ganz neuer Bus an der Schule vor. "Das wird doch nicht etwa unser Bus sein?" fragte Ilona, die Quasselstrippe. Es kam keine Antwort. Wir stiegen lärmend ein und Heinz sorgte als Busverantwortlicher für Ordnung. Jeder war so laut wie er nur konnte und Wildau wurde wach. Es fing gut an. Heinz wurde natürlich, wie es sich auch gehörte, für die Verspätung verantwortlich gemacht. "Weißt du eigentlich, wieviel Minuten eine halbe Stunde hat?" wurde er gefragt. Alle lachten. Schlagfertig wie immer anwortete er: "Das weiß ich, aber wieviel Sekunden sind das?" konterte er den Frager. Unser Mathe-Lehrer schmunzelte und mischte sich nicht ein. Einige holten Papier und Kugelschreiber hervor und rechneten. Die meisten hatten es aber durch Kopfrechnen gelöst.   **Wieviel Sekunden hat eine halbe Stunde?** Versuche es selbst zu lösen. Wildau lag jetzt hinter uns.

Für das Wetter wurde Hans, der Älteste unter uns, verantwortlich gemacht. Er hatte Glück. So ein schönes Wetter hatten wir schon lange nicht mehr. Dafür wurde er auch von allen Seiten gelobt. Die Stimmung wurde immer besser. Wir sangen, machten Späße und zogen uns gegenseitig durch den Kakao. Wir waren eben ein lustiges Völkchen. Auch unser Lehrer wurde dabei nicht verschont. Es verstand jeden Spaß und machte mit.

Wir machten eine Pause und vertraten uns die Beine. Lothar hat dabei etwas entdeckt. Eine Schnecke zog über die Straße. Schon kamen die ersten Fragen. Wie schnell mag sie wohl sein? Einer wußte es. Unser Hobbybiologe Lothar. "0,005 km in der Stunde", antwortete er. "Das sagt mir garnichts. Wieviel Meter sind das in der Stunde", kam aus der Menge die Frage. Mehrere Teilnehmer antworteten gleichzeitig.   **Weißt du es auch?**

In Pillnitz bewunderten wir den herrlichen Park mit den vielen Blumen und den formschönen Beeten. "Es müssen ja Künstler sein, die sowas anlegen können. Einige Beete haben sogar die Form von Elipsen", stellte Ilona fest. "Wie machen die blos so etwas?" Diese Frage stellten wir auch dem Gärtner, der mit Stangen, Schnur und Spaten im Park hantierte. "Kommen sie mit. Ich werde ihnen das zeigen. Es ist einfacher als sie denken", teilte er uns mit. Er führte uns zu einer frisch geharkten Fläche, klopfte zwei kleine Pfähle in die Erde und legte eine lose Schnur um diese Pfähle. Dann knotete er die Schnurenden zusammen, steckte in die Innenseite der Schnur einen kleinen Stock und machte damit um die beiden Pfähle die Markierung der Elipse. "Man muss nur darauf achten, dass die Schnur beim Strichziehen immer stramm ist", sagte er. Die Elipse war fertig. Wir waren begeistert und schauten ehrfurchtsvoll auf diesen unscheinbaren Mann.

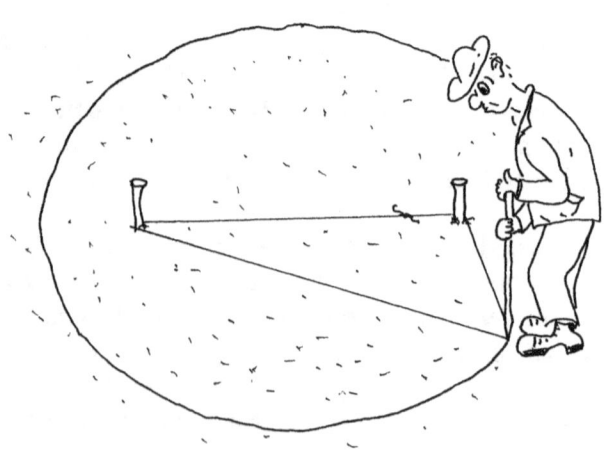

In der Zwischenzeit hatten sich viele Leute angesammelt und wir waren nicht mehr unter uns. Es wurde laut und die Fragerei nahm kein Ende. Ich bedankte mich bei diesem bescheidenen Gärtner und wir zogen weiter. Ilona meinte: "Wir hätten ihm doch ein kleines Geschenk machen können." "Wir haben uns leider nicht darauf vorbereitet", meinte Till lakonisch. "Egoisten", war die Antwort von Ilona. Sie war die einzige Frau in unserem Semester und fühlte sich bei uns recht wohl. Ein Besucher machte darauf Anspielungen. "Was wollen sie denn? Schneewittchen war unter den 7 Zwergen auch die einzige Frau", konterte sie ihn. Alle lachten. Schlagfertig war sie ja. Nur Mathematik war nicht ihr Lieblingsfach. Sie hat aber mit unserer Hilfe alle Prüfungen bestanden.

Von Wehlen wollten wir durch den Utewalder Grund zur Bastei und dann mit dem Bus nach Dresden. Dort erwartete uns ja noch die angekündigte Überraschung. Dehalb sollten wir uns auch gute Sachen mitnehmen. Wir rechneten mit einer feinen Gaststätte. Die Organisatoren hielten alle dicht. Heinz meinte: "Wir hätten ja auch mit dem Dampfer fahren können, aber wir haben wenig Zeit und das Geld ist alle."

Im Utewalder Grund wurde der Abstand zwischen den einzelnen Gruppen immer länger. Vorn blieben einige stehen und diskutierten lebhaft. Es dauerte nicht lange und wir waren wieder alle beisammen. Am Weg stand eine Fichte, die alle Bäume in der Umgebung an Form, Höhe und

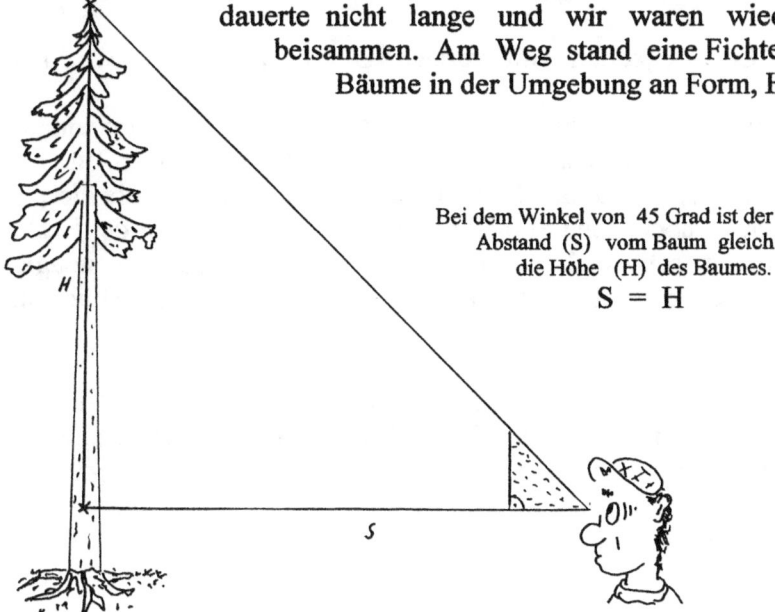

Bei dem Winkel von 45 Grad ist der Abstand (S) vom Baum gleich die Höhe (H) des Baumes.

$$S = H$$

Schönheit übertraf. Majestätisch ragte der astfreie und gerade Stamm aus der Schlucht empor und bildete erst unter freiem Himmel eine weite Krone. Wir waren begeistert. Es war wie ein Wunder der Natur. Einer stellte die Frage: "Wie hoch mag dieser Baum wohl sein?" Alle schauten auf Lothar. "Eine Fichte kann unter günstigen Bedingungen 50 m hoch werden", antwortete er. Damit waren wir nicht zufrieden.

Horst meinte: "Messen wir es doch einfach nach." Es gab Gelächter und einige riefen: "Schlaumeier." "Doch, das geht. Alle Bedingungen sind vorhanden. Wir haben ein gerades Geländer bis zum Baum und auch ein Blatt Papier. Einen Stock mit einem Meter Länge werden wir doch noch zusammenbringen", ereiferte sich Horst. Ilona faltete ein Blatt Papier zu einem rechtwinkligen Dreieck. Ein Stock mit einem Meter Länge war auch schon da. Horst gab das Kommando: "Nun brauchen wir auf dem Geländer nur die Stelle finden, wo wir mit der Hypotenuse unseres Dreiecks die Baumspitze anvisieren können, wobei die Auflage des Dreiecks unbedingt waagerecht sein muss. Die Entfernung vom Dreieck bis zum Baum ist bei 45 Grad auch die Höhe des Baumes." Die meisten von uns machten mit. Wir gingen den Weg zurück und probierten laufend das Anvisieren der Baumspitze. Gleichzeitig wurde die Entfernung zum Baum gemessen. "Jetzt haben wir es. Es sind genau 38 Meter. Eine beachtliche Höhe", rief Horst.

Aufgabe: Er hatte jedoch etwas vergessen. Versuche es herauszufinden.

Auf der Bastei war Hochbetrieb. Der Busfahrer kam uns schon entgegen. "Wo bleibt ihr denn so lange?" sagte er. Er kannte seinen alten Bus besser als wir. Heinz bestimmte die Zeit: "In einer Stunde sind wir alle hier; dann schaffen wir es noch. Eine Stunde reicht für einen Blick von der Bastei in diese einmalig schöne Landschaft." Wir wurden langsam neugierig. Warum drängeln die uns nur so? Wir wären gern länger hier geblieben. Es gibt soviel Schönes zu sehen.

Der Zeitplan wurde eingehalten. Kurz vor Pirna machte der Bus eine Pause. Das Geheimnis wurde gelüftet. Heinz stand auf und sagte: "Jetzt zieht alle eure guten Sachen an. Wir haben Karten für die **Semper-Oper**." Der Lärm war so groß, dass ein Auto vor uns stehen blieb, weil der Fahrer dachte, es wäre etwas passiert. Er fuhr beruhigt weiter.

Vor dem Betreten der **Semper-Oper** verkündete unser Dozent: "Wir sehen den **Freischütz**. Es ist das gleiche Stück, dass auch 1945 gespielt wurde, als die **Semper-Oper** bei dem großen Luftangriff auf Dresden in Schutt und Asche gelegt wurde. Jetzt erleben wir die Wiedergeburt der **Semper-Oper** mit dem gleichen Stück, dass damals auch gespielt wurde." Wir waren glücklich und nachdenklich. Was für ein Tag? Bilder und Fernsehübertragungen von der Eröffnung haben wir ja gesehen, aber das was wir hier sahen, übertraf all unsere Erwartungen. Wir waren so beeindruckt, dass wir uns nicht trauten, laut zu sprechen. Wo sollte man zuerst hinschauen? Wandmalereien, Deckengemälde, Verzierungen aus Gold, die Ausgestaltung und die Beleuchtung. Es gibt doch soviel schönes auf der Welt. Selbst Ilona habe ich noch nie so ernst gesehen wie heut. Sie sah gut aus. Der **Freischütz** passte gut in unsere Stimmung und die Worte: "Gut gefallen", können das alles nicht ausdrücken. Wir nahmen unvergessene Eindrücke mit.

Auf dem Heimweg waren wir alle rechtschaffen müde. Das monotone Klopfen der Autoreifen auf den Betonplatten der Straße schläferte uns ein. Solch ein Plattenstoß kam alle 20 Meter. Horst meinte: "Wenn die Entfernung von Platte zu Platte 20 Meter ist, dann kann man doch leicht feststellen, wie schnell der Bus fährt."
"Wir müssten mit 100 Metern rechnen, dann ist das Ergebnis genauer," schlug ich vor. Wieviel Plattenstöße sind das? Dann zählen wir die Plattenstöße noch einmal und messen gleichzeitig die Anzahl der Sekunden.

Bei 100 Meter fuhr unser Bus 5 Sekunden.

Die Umrechnung in Kilometer pro Stunde war einfach.

Wir fuhren:

$$\frac{100\,m}{5\,s} \cdot \frac{(km)}{(1000\,m)} \cdot \frac{(3600\,s)}{(1\,h)} = 72\,\frac{km}{h}$$

oder auch: $\qquad \dfrac{100\ m}{5\ s} = \dfrac{20\ m}{s}$

$$\dfrac{20m}{s} \cdot \dfrac{(km)}{(1000m)} \cdot \dfrac{(3600s)}{h} = 2 \cdot 3{,}6 \cdot 10 \cdot \dfrac{km}{h}$$

Heinz meinte: "Ihr Zwei könnt es wohl nicht lassen. Wie schnell fahren wir eigentlich?" "Wir fahren 72 Kilometer in der Stunde," antwortete Horst. "Stimmt das?" Der Busfahrer antwortete: "Wir fahren 70 bis 75 Kilometer in der Stunde. Mehr ist nicht drin." Der Bus war nicht der schnellste. Er hat uns aber nichts gekostet.

Für Horst und mich war die Berechnung von Geschwindigkeiten nichts Neues. Bei der wöchentlichen Heimfahrt haben wir immer die Geschwindigkeit unseres Zuges an den Schienenstößen ermittelt. Wir sollten bei solchen Aufgaben immer beim Kopfrechnen bleiben. Dazu gehört auch, **gewusst wie.**

Ein schöner und ereignisreicher Tag ging zu Ende.

Einige Hinweise zum Vergleichen der Aufgaben:

1. Wieviel Sekunden hat eine halbe Stunde?
   1 Minute hat 60 Sekunden,
   30 Minuten haben 30 · 60 Sekunden = **1800 Sekunden**

2. Wie schnell ist die Schnecke?
   0,005 km in der Stunde sind **5 m** in der Stunde
   (Das Tempo einer Schnecke richtet sich nach ihrer Art)

3. Was hatte Horst vergessen?
   Zur Höhe des Baumes gehört auch die Höhe von der Auflage unseres Dreiecks bis zum Boden. In unserem Fall ist das die **Höhe des Geländers.**

4. Wieviel Plattenstöße sind 100 Meter?
   Wir beginnen mit dem 1. Plattenstoß zu zählen. Beim 2. Plattenstoß hat der Bus 20 m zurückgelegt.
   Bei 100 m sind das 6 Plattenstöße.

XXII. Die Verteidigung

Wieder eine Prüfung

Wir atmeten auf; geschafft. Die Prüfung in Mathematik wurde erfolgreich bestanden. Die Praxis hat aber gezeigt, dass die Anwendung der Mathematik jetzt erst richtig beginnt.

Das Jahr **MCMLXVII** fing gut an. (Welches Jahr war das?)
Der Unterricht wurde erweitert und wir erhielten Aufträge für Forschungs- und Laborarbeiten. Dazu gehörte auch die Ausarbeitung von ökonomisch vertretbaren Vorschlägen für technologische Fertigungsverfahren in ausgewählten Betrieben. Auch der Einsatz im Schichtbetrieb rund um die Uhr gehörte dazu. Ohne Vorkenntnisse in Mathematik hätten wir diese Aufgaben nicht bewältigt.

In fast allen Abschlussfächern war die Mathematik mit dabei. Dazu gehörten solche Fächer wie:
Physik, Chemie, Ökonomie, Rechnungswesen, Finanzen und Kredit, Statistik, Technisch-ökonomische Übungen, Grundfragen der Kybernetik, Konstruktionslehre, Technische Mechanik, Festigkeitslehre, Maschinenelemente, Elektrotechnik, Automatisierung, Werkstoffkunde und Werkstoffprüfung, Fertigungstechnik, Umformtechnik, Trenntechnik, Technologische Projektierung, Veredlungstechnik, Fügetechnik und Technologische Fertigungsvorbereitung.
Auch in diesen Fächern gab es Noten im Abschlusszeugnis.

Wir haben schnell begriffen, wie wichtig die Mathematik bei der Lösung von Aufgaben in diesen Fächern ist. Hier durfte keiner den Anschluss verpassen.

Die Abschlussprüfung rückte immer näher. Alle Studenten bekamen von einem Betrieb das Thema für ihre Ingenieurarbeit und einen Betreuer zugeteilt. In unseren Unterkünften wurde es still. Wir waren in den Betrieben. Nur ab und zu kam jemand, um in Fachbüchern und Kollegheften nachzuschauen oder sich mit einem Fachlehrer zu beraten. Es waren wohl die anstrengendsten Tage unserer Studentenzeit.

Termingerecht habe ich das Original und einen Durchschlag meiner Ingenieurarbeit der Schulleitung übergeben. Wir Drei trafen uns mit viel Hallo wieder in unserem Zimmer. Jeder hatte viel zu erzählen. Erfahrungen wurden ausgetauscht und kritische Bemerkungen zu den Arbeiten gemacht. Eine ehrliche und gut gemeinte Kritik ist eben immer eine Hilfe und besser als ein ungerechtfertigtes Lob. Die Erfahrung macht wohl jeder, alles was man selber tun muss, ist viel schwieriger.

Wir bereiteten uns auf die Abschlußprüfung vor. Heinz schlug vor: "Ihr müsst soviel erzählen, dass die Prüfungskommission keine Zeit mehr hat, Fragen zu stellen." Es gab Hinweise von allen Seiten. Merken sollten wir uns: "Wenn man vor der Tür steht und hört, dass im Prüfungsraum die Stühle gerückt werden, dann hat der Vorgänger die Prüfung bestanden. Die Kommission steht dann auf und gratuliert." Es gehört auch dazu, dass man im dunklen Anzug mit Schlips und Kragen zur Prüfung erscheint.

Eine halbe Stunde vor meiner angesetzten Prüfungszeit stand ich schon vor dem Prüfungsraum und wartete auf das Stühlerücken. Nach einer Stunde war immer noch nichts zu hören. Plötzlich ging die Tür auf und mein Zimmernachbar Klaus ging mit hochrotem Kopf und ohne ein Wort zu sagen an mir vorbei. Schade, er war so ein netter Kerl. Ich hatte keine Zeit darüber nachzudenken.

Jetzt war ich an der Reihe. Ein Kommissionsmitglied kam heraus und sagte: "Geben sie sich große Mühe. Der Betrieb hat ihre Arbeit für die Produktion angenommen und mit einer sehr guten Note bewertet. Auch von der Schule haben sie dafür die Note Eins erhalten." Mir zitterten die Knie; und das Kragendrücken war verschwunden. Ich legte los und redete wie ein Wasserfall, bis mich ein Kommissionsmitglied unterbrach. Mein Betreuer aus dem Betrieb bat ums Wort und begründete die Übernahme der Arbeit und die Vorteile für die Produktion. Ich schaute ihn dankbar an und fand erst jetzt meine Ruhe wieder. Ich musste noch eine Reihe von Fragen beantworten und immer wieder begründen, warum.

Die Prüfungskommission stand auf und beglückwünschte mich zur bestandenen Abschlussprüfung. In der Aufregung habe ich das Stühlerücken ganz vergessen. Draußen hatte man es aber gehört.

Glücklich ging ich die Treppe runter und bemerkte erst jetzt, den von der Schulleitung nicht gern gesehenen sogenanten Gratulationstisch. Mehrere Studenten schenkten Weinbrand in Gläser ein und gratulierten zur bestandenen Prüfung. Wer nicht bestanden hat, bekam Korn und musste oder konnte aus der Flasche trinken. Heinz kam mir entgegen und gratulierte mir noch auf der Treppe. Er hatte die Prüfung schon vor mir bestanden. Jetzt kam Horst zu uns an den Gratulationstisch und wurde von Heinz mit den Worten empfangen: "Was wollen blos die vielen Studenten hier?" Alle lachten und die Sekretärin der Schulleitung öffnete die Tür und bat um Ruhe. Nach zwei Stunden war Horst auch kein Student mehr. Er war der Beste in unserem Semester.

In unserem Zimmer sprachen wir über die Studenten, die bei der Abschlußprüfung durchgefallen sind. Besonders Klaus hätte die Prüfung bestehen müsen, wenn er andere Freunde gehabt hätte. Echte Freunde sind eben nicht immer diejenigen, die einen laufend zum Biertrinken einladen, sondern die einen bei der Lösung von Problemen und Aufgaben auch helfen. In seinem Zimmer wohnten drei Studenten. Einer wurde wegen Faulheit und schlechten Noten exmatrikuliert und der andere war ein Bastler, der aus Ersatzteilen kleine Radios herstellte. Für ein intensives Studium war dann natürlich wenig Zeit.

Aufgabe: Insgesamt haben von 93 Studenten 85 die Abschlussprüfung bestanden. Wieviel Prozent sind durchgefallen?

Es war für uns ein erhebendes Gefühl. Wir haben das Studium mit Erfolg bestanden. Jeder hatte seinen Einstellungsvertrag in der Tasche und machte Pläne für seine Zukunft.

Aufgabe: Heinz wollte sich ein Auto kaufen. Als er mit dem Studium vor drei Jahren begann, hatte er auf seinem Sparbuch 17.000,--DM und bekam dafür jährlich 3,5 % Zinsen. Die Zinsen hat er sich aber nicht auszahlen lassen. Wie hoch war sein Sparguthaben am Ende des Studiums?

<u>Hinweis:</u>   Alle Zahlen sind frei erfunden

<u>Lösung der Aufgaben:</u>

    1. MCMLXVII = **1967**

    2. Von 93 Studenten haben 8 die Prüfung nicht bestanden.

        93 Studenten entsprechen 100 %
        8 Studenten entsprechen x

über Kreuz multiplizieren

$8 \cdot 100\% = 93 \cdot x$ Das sind **8,6 %**.

    3. Das Sparguthaben von 17.000 Mark beträgt bei 3,5 % Zinsen nach 3 Jahren:

K_3 = 17.000 (1+0,035) (1+0,035) (1+0,035)
    = $17.000 \cdot 1,035 \cdot 1,035 \cdot 1,035$
    = **18.848,20 DM**

<u>Auch damit muss man rechnen.</u>

Erst seitdem ich weiß,

    dass ich was weiß,

        weiß ich erst,

            wie wenig ich weiß.

                    Verfasser unbekannt

Notizen

www.ingramcontent.com/pod-product-compliance
Lightning Source LLC
Chambersburg PA
CBHW070258230526
45470CB00002B/625